내 아이는
도대체
무슨 생각을
하는 걸까?

현명한 부모가 되기 위한 자녀 교육 매뉴얼

내 아이는 도대체 무슨 생각을 하는 걸까?

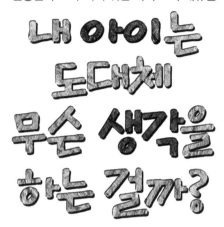

율리야 기펜레이테르 지음

지인혜·임 나탈리아 옮김

씨네스트

추천사

아버님 어머님!

우리 아이들을 어느 정도 이해하고 계시는지요? 자주 대화는 하시는지요?

삶의 상당 부분을 아이들과 더불어 한다고 느끼시는지요?

바쁜 일상 속에서 아이들과 얼마나 손을 맞잡고 사랑을 나누시는지요?

이런 물음에 많은 부모님들은 숙연해질 수 있습니다. 그렇다고 아이들과 자주 함께 하지 못하는 엄숙한 상황이 부모님들의 책임만은 아닙니다. 사회는 구조적으로 그런 상황을 강요합니다. 부모님들은 희생을 감내하며 아이들을 더욱 생각합니다. 어찌 보면 아이들 때문에 산다고 할 수 있습니다. 이런 현실이 참으로 안타깝기도 합니다.

우리 사회는 전통적으로 아이들 교육에 많은 신경을 써왔습니다. 자식 양육을 농사에 비유하여 '자식 농사'라고 하고 그 농사를 얼마나 잘 지었느냐에 따라 부모를 평가합니다. 국가 사회는 아이들을 '미래를 이끌어갈 주역'으로 규정하고 아이들 교육을 고려합니다. 부모나 국가 사회 모두, 나름대로 열심히 교육을 보장하려고 노력합니다.

그런데 가만히 들여다보면 그런 교육의 핵심에 아이들이 없습니다. 아이들은 어디로 갔을까요? 부모님들은 부모님 욕심대로, 국가 사회는 국가 사회의 요구대로 아이들을 이렇게 저렇게 정의합니다. 그런 정의 속에 아이들은 구겨 넣어져 있습니다. 그리고 아이들은 자신이 어떤 처지인지 감지하지 못한 채 어른들의 욕심을 채우는 실험적 도구가 되고 맙니다.

　장 자크 루소 이후, 아이들을 바라보는 시선은 다양한 차원에서 질적 승화를 거듭해 왔습니다. 아이들의 자연적 본성은 정말 '아이는 아이답게' 자연스럽게 성장해야 한다는 데 근거하여 발현되어야 합니다. 교육은 삶을 억누르기보다는 펼쳐나가고, 마음을 닫기보다는 열어나가고, 사람을 내치기보다는 끌어안고, 다양한 세계를 고려하면서 자신의 시각을 스펙트럼화하는 작업이 되기를 희구합니다.

　『내 아이는 도대체 무슨 생각을 하는 걸까?』는 아이에 대한 사랑과 교육적 열망이 가득 담겨 있습니다. 우리는 아이를 어떻게 이해하고 있는가요? 자유를 열망하고, 집중력과 감수성이 풍부하며, 어떤 일에 몰입하기도 하지만 저항할 줄도 아는 그 아름다운 성품들! 아이들은 우리 삶의 최종 담보이며 희망입니다. 저자의 말처럼, "우리와 함께 살아가는 기적"입니다.

　이 책은 희망을 통해 기적을 만드는 교육, 우리 아이들의 생동감을 살리는 교육에 관심 있는 사람과 적극적인 대화를 시도합니다. 아이를 어떻게 이해할 것인지, 어떻게 함께 살아갈 것인지, 어떻게 대화할 것인지, 구체적 사례와 방법이 그림과 더불어 생생하게 다가옵니다. 여기에서 우리 아이들을 살리는 대안 교육의 양식을 확인할 수 있습니다. 요컨대 『내 아이는 도대체 무슨 생각을 하는 걸까?』는 이런 차원에서 우리 교육의 현실과 미래를 밝게 비추는데 기여할 것으로 판단됩니다.

2009. 6. 10

신창호_고려대학교 교육학과 교수

저자 서문

이 책은 부모와 아이의 대화법<small>어느 정도는 어른들 상호간의 대화법</small>에 대해서 쓴 책이다. 이 책은 첫 번째 책인 『내 아이와 어떻게 대화할 것인가』의 연속이며 그 내용을 심화시킨 것이다.

독자들은 첫 번째 책에 아낌없는 사랑을 주었다. 많은 사람들이 책을 읽고 난 뒤에 긍정적으로 삶이 바뀌었다고 기뻐했으며, 이후 각계각층의 사람들<small>부모와 아이, 부부, 처녀 총각, 학생, 비즈니스맨 등</small>을 만나서 나누었던 교육 문제, 아이와의 대화 문제, 생활 문제 등에 대해서 소중한 대화와 토론을 나누었다. 그러한 경험들이 쌓이게 되었고 그 내용들이 이 책의 한 부분이 되었다.

위의 생생한 이야기들과 함께 훌륭한 심리학자, 교육자, 철학자들의 생각들을 책 속에 담았다. 그리고 가치로 평가할 수 없는 문학작품, 회고록, 평전, 자서전에서 그 내용들을 담았다. 오직 생생한 경험만이 아이들의 성장과 성격의 발달을 위한 교육에 도움을 줄 수 있다. 그러므로 저자는 '이론'을 '실제' 이야기로 표현하려고 노력했으며 그 반대로 구체적인 이야기들에 대해서는 공통적인 특징을 보고 유용한 결론을 내릴 수 있도록 독자들을 안내했다.

책의 내용에 대해서 이야기를 하자면 저자는 모든 것을 구별하여서 책을 만들 수 없었다. 왜냐하면 삶은 모든 것이 엉켜있기 때문이다. 실제로 불만과 기쁨, 동의와 반대, 놀이와 반목, 양보, 금지, 벌, 용서 등 모든 것을 우리는 며칠 동안 한꺼번에 경험할 수 있다. 그러므로 어떤 것에 대해서 이야기를 하려고 했을 때 다른 것에 대한 이야기를 하지 않고는 불가능했다. 하지만 가능하면 서로가 반복되지 않도록 하면서 구성을 했다.

책 전체를 세 가지 주제가 관통하고 있다.

그 첫째는 아이에 대한 지식과 이해이다. 아이는 자연의 선물이다. 아이는 성장을 해야만 하고 또 그 필요를 느낀다. 아이는 학습하기를 원하며 또 그렇게 할 능력이 있다. 아이는 이 세상에 관심을 갖고 자세히 알고 싶어한다. 아이는 직접적이며 감정적이다. 아이는 우리의 동감을 얻으려고 노력하며 동시에 어른들이 오해를 해서 상처를 줄 수 있는 자신의 세계를 지키려고 노력한다. 부모로서 우리의 미션 성공은 얼마나 많이 아이의 천성을 이해하고 잘 가르치느냐에 달려 있다. 아이들의 요구, 행동의 동기, 감정 경험 등 아이들의 내면 세계에 대해서 몇 Chapter를 할애했다.

그 두 번째 주제는 아이의 교육방법이다. 애석하게도 지금 우리들이 익숙해있는 전통적인 교육방법에는 많은 잘못된 정보가 있다. 그것들 중에는 아이를 아주 엄하게 벌을 주어야 하며, 아이의 자유를 억압하는 '길들이기'를 해야 한다는 것도 포함되어 있다. 이러한 경험은 몇 세대 동안 전해져 왔고 현대의 부모들도 교육이라는 어려운 문제를 해결하는 방법으로 사용하고 있다. 왜냐하면 자신들도 어렸을 때 그렇게 자랐기 때문에 대부분의 부모들은 다른 방법을 모르기 때문이다.

이 책에서 저자는 '아이를 어떻게 키워야 하나요? 어떻게 교육을 시키며 어떤 원칙을 고수해야 하나요?' 하는 부모들의 질문에 대한 답을 하려고 노력했다.

그 대답을 찾기 위해서는 익숙한 사고의 범위를 넘어서야 하며, 아이들 교육에 필요한 사전에 '가르치다' '익숙하게 하다' '방향을 잡아주다' '강요하다' '요구하다' 라는 동사들뿐만 아니라 '기뻐하다' '놀다' '성장하다' '매혹되다' 등의 동사들도 필요한 것으로 나타났다.

우리는 실제적인 대답을 훌륭한 학자, 교육자 그리고 부모들의 예에서 찾을 수 있다. 이 책의 내용의 주요한 부분인 그들의 경험은 어떠한 설명보다도 더 확실하다. 그리고 그러한 전문가들의 경험을 본받지 않고 어떻게 가르칠 수 있을까?

앞의 교육에 관한 주제는 우리의 세 번째 주제인 대화법과 연관되어 있다. 그것은 책 전체에 가장 선명하게 드러나 있다. 아이들과의 관계에서는 아이들을 어떻게 가르칠 것인가도 중요하지만 그것보다 더 중요한 것은 '아이들이 스스로 어려움을 극복해 낼 수 있도록 어떻게 도울 것인가' 이다. 남의 말을 듣는 능력, 자신을 표현하는 능력, 적극적인 자세를 갖는 것, 문제의 해결 등은 모두 대화의 기술에 속한 것이다. 대화의 기술의 기본에 대해서는 『내 아이와 어떻게 대화할 것인가』에 자세히 나와 있다. 이번 책 특히 제3장에서는 좀더 자세하게 그것들을 살펴보았다.

비록 이 책의 기본 방향이 아이의 교육이라고 할 지라도 나는 이 안에 어른들을 위한 주제를 포함시켰다. 그 이유는 두 가지가 있다.

첫째, 대화의 원리와 기본 법칙은 모든 경우에 해당하는 것이며, 이 원리와 법칙은 아이들과의 대화뿐만이 아니라 어른들과의 대화에서도 필요한 것이다. 실제로 아이들은 어른들보다도 훨씬 더 빨리 이러한 기술을 익힌다.

둘째, 어른들 사이의 조화로운 관계를 위해서는 아이의 긍정적인 감정과 성장이 중요하다. 그러므로 부모들은 아이들이 늘 보는 주위의 사람들과 대화를 하는 스타일에 관심을 가져야 한다. 이 책이 그러한 도움을 줄 수 있을 것으로 기대한다.

독자들은 '대화법'에 대한 많은 책들을 단순하게 읽는 것으로는 부족하다는 것을 잘 안다. 실제로 적용을 해야만 한다! 새로운 시도 새로운 방법으로 반응하고, 대답하고, 행동하고 자신의 감정을 표현하는 것가 없다면 아무것도 얻을 수 없다. 오래된 습관은 쉽게 버리지 못한다. 그렇지만 자신의 오래된 습관을 버릴 수 있음을 믿어라. 절대로 물러나지 마라! 처음에는 새롭게 시도하는 대화 방법이 매우 어색하게 느껴진다. 하지만 어느 정도의 시간이 흐르게 되면 당신이 가지고 있는 '오래된 습관'처럼 우리의 새로운 대화법이 습관적으로 나오게 된다.

이 책을 당신의 손에 쥐고 있다는 것은 더 낫게 자신을 변화시키고자 한다는 것을 의미한다. 어쩌면 당신은 이미 새로운 방법으로 대화를 시도했고 그 유용성을 알게 되었거나 '마술 같은' 결과를 경험했을 지도 모른다. 만약 그렇다면 나는 당신에게 뜨거운 축하의 말을 하고 싶다. 그것은 단순히 우리의 대화법이 훌륭하다는 것을 보여주는 것이 아니라 당신이 능력이 있음을 보여주는 것이기 때문이다.

하지만 이 책의 효과는 그것이 전부가 아니다. 당신은 빠른 시일 안에 당신 자신이 변해있음을 알게 될 것이다. 많은 독자들이 효과적인 대화의 기술을 습득하게 됨에 따라 자신에 대해서 새롭게 느낀다고 이야기를 했다. 보나 침착해지고 보다 확신을 갖게 된다고 했다. 이들은 아이들과 주위의 사람들을 더 잘 이해하게 되었고, 화를 낼 일도 적어지고, 사람들이 어떤 기분을 가지고 있는지 알게 되었다고 한다.

즉, 외적인 행동을 변화시키는 것은 결과적으로 인간 내면 세계를 변화시키게 된다. 기술을 습득하기 위해 했던 노력을 100배로 보상받게 되는 것이다.

이 책이 나오기까지 도움을 주신 모든 분들께 감사를 드린다. 많은 부모들, 친구들, 동료들, 내가 알고 있거나 그렇지 못한 독자들이 편지를 쓰거나 대화를 통해서 자신들의 문제를 공유했으며, 성공적인 이야기들과 훌륭한 성과들에 대해서 이야기를 해주었다. 그들 뒤에는 항상 생동감이 있고, 솔직하며, 직접적이며, 재능이 있으며 동시에 우리의 도움을 필요로 하는 아이들이 있었다. 이렇게 공통의 희망을 담은 '평야'를 만들었다. 이 '평야'에서는 부모들이 아이들을 포함한 가까운 사람들의 행복과 기쁨을 위해서 열심히 일을 했다. 이 '평야'는 모든 사람들의 노력으로 풍요로워졌으며 저자를 포함한 모든 사람들을 정신적으로 지탱해주었다.

특별한 관심과 이해를 갖고 그림을 그려준 엘레나 벨로우소바와 마리나 표도로브스카야에 감사를 드린다.

그리고 텍스트를 살펴보고 편집해줄 것을 흔쾌히 동의하고 문학가로서 기자로서 그리고 심리학자로서 나에게 전체적인 책의 구조에 대해서 조언을 해준 이리나 움노바에게 감사를 드린다.

특히 항상 변하지 않고 인내심을 가지고 내 머릿속 이야기와 문제에 대해서 조언을 하고 이 책의 원고에 대해서 공정한 판단을 해준 내 남편 알렉세이 니콜라에비치 루다코프에게 감사의 말을 전한다.

만약 책에 부족한 점이 있다면 모두 내 잘못임을 밝힌다.

모스크바 국립대학교 교수 심리학 박사
율리야 기펜레이테르

J. Gippenreiter

한국어판 서문

이렇게 두 번째 책을 대한민국의 독자 여러분들께 소개하게 된 것을 무한한 영광으로 생각합니다. 이 책 역시 저자의 첫 번째 책인 『내 아이와 어떻게 대화할 것인가』2006년 이상으로 여러분의 사랑을 받기를 기원합니다.

이 책은 인류의 위대한 과제인 '어떻게 우리의 아이들을 훌륭한 세대로 키울 것인가' 하는 것에 대해서 쓰여 있습니다. 이 책에서 저는 전 세계의 부모님들과 선생님들을 괴롭히는 주요한 문제들에 대해 폭넓고 깊은 해답을 찾으려고 노력했습니다.

저는 이미 대한민국의 부모님들이 아이들의 교육에 얼마나 많은 열의를 가지고 있는지, 그리고 대한민국에는 훌륭한 부모님들과 선생님들이 많이 계셔서 훌륭한 아이들을 많이 키워냈다는 사실도 잘 알고 있습니다. 만약 여기에 소개된 다른 나라의 학자, 교육자 그리고 현명한 부모들의 경험과 실험의 결과가 대한민국의 교육전통과 연결된다면 더욱 훌륭한 결과를 가져올 것이라고 저는 믿고 또 그렇게 된다면 더할 나위 없이 기쁠 것입니다.

이렇게 어려운 번역 작업을 해주셔서 대한민국의 독자들과 만날 수 있는 영광을 주신 써네스트 출판사에 감사를 드립니다. 앞으로도 더 좋은 책으로 계속 인연을 맺기를 기원합니다.

율리야 기펜레이테르

J. Gippenreiter

Contents

2장 내 아이와 어떻게 함께 살아갈 것인가

3장 내 아이와 어떻게 대화할 것인가

1장 내 아이를 어떻게
이해할 것인가

아이는 우리와 함께 살아가는 '기적' 이다. 우리는 아이가 잘 자라기를 바라며 또 그렇게 되도록 최선의 노력을 기울인다. 우리는 스스로에게 수없이 질문한다. '아이와 어떻게 이야기를 하고, 어떻게 교육을 시켜야 할까?' '아이가 잘못했을 때는 어떻게 해야 하며, 그 잘못은 어떻게 고칠 수 있을까?' 라고. 문제는 질문에 대한 정답이 없다는 것이다. 하지만 한 가지 분명한 것이 있으니 걱정할 필요는 없다. 이 모든 질문에 대한 올바른 대답은 아이라는 '기적' 의 이해에서부터 출발한다는 것이다.

chapter 01

아이들의 타고난 능력

　아이는 우리와 함께 살아가는 '기적'이다. 우리는 아이가 잘 자라기를 바라며 또 그렇게 되도록 최선의 노력을 기울인다. 우리는 스스로에게 수없이 질문한다. '아이와 어떻게 이야기를 하고, 어떻게 교육을 시켜야 할까?' '아이가 잘못했을 때는 어떻게 해야 하며, 그 잘못은 어떻게 고칠 수 있을까?'라고. 문제는 질문에 대한 정답이 없다는 것이다. 하지만 한 가지 분명한 것이 있으니 걱정할 필요는 없다. 이 모든 질문에 대한 올바른 대답은 아이라는 '기적'의 이해에서부터 출발한다는 것이다.

　모든 동물들과 마찬가지로 인간도 활동성活動性을 갖고 태어난다. 갓 태어난 아이는 본능적으로 소리가 들리는 방향으로 고개를 돌린다. 태어난 지 두 달이 되면 아이는 자신을 보기 위해 얼굴을 맞대고 있는 어른들의 얼굴에서 미소를 발견하게 된다. 이때 아이의 옹알거림은 미소에 대한 화답이다. 이후 일 년 동안 아이는 보기, 얼굴 구별하기, 물건 구별하기, 장난감 쥐기, 앉기, 기어가기, 일어서기, 걷기, 말하기를 배운다. 그리고 제대로 알아들을 수는 없지만 질문을 시작한다. 이 모든 과정이 특별한 가르침을 통해서 이루어지는 것일까? 그렇지 않다는 것은 누구나 알고 있다. 이처럼 아이는 타고난 활동성을 바탕으로 자신에게 주어진 상황을 스스로 이해한다.

자유에의 열망

어떤 문제를 자신이 원하는 방법으로 해결할 때, 아이들은 적극적이고 창의적인 존재가 된다. 하지만 그 반대의 경우, 즉 규제나 강제적인 방법을 동원하면 아이들은 즉시 그 문제에 흥미를 잃어버린다. 고집을 부리거나 화를 내면서 그 문제로부터 벗어나려고 한다는 것을 아이를 키우는 부모라면 누구나 경험해봤을 것이다. 이러한 경험과 관찰을 통해 심리학자들은 자율과 자유에 대한 의지가 인간의 가장 기본적인 욕구 가운데 하나라는 사실을 밝혀냈다.

아이들은 자율과 자유에 대한 열망을 매우 일찍부터 드러낸다. "내가 할 거야." "나 혼자 할 수 있어!"라는 아이들의 언어습관을 통해 우리는 이 사실을 쉽게 확인할 수 있다. 이 시점이 되면 아이들은 자신의 성장과 자기 학습에 필요한 것들을 더 많이 더 적극적으로 요구한다. 이때 우리가 기억해 둬야 할 것들이 있다. 아이는 자신의 능력에 대해 확신을 갖고 있으며 그 능력을 시험하고 더 나아가고 싶어 하는 욕구가 있다는 것이다. 게다가 아이는 자신의 의지에 따라 무언가를 결정하고 어떤 목적을 달성하기 위해 노력하면서 스스로에 대해 자부심을 갖게 된다는 것이다.

상담을 하며 만난 한 어머니를 통해 나는 이 사실을 다시 한 번 확인할 수 있었다.

아들이 세 살 되던 무렵의 겨울이었습니다. 우리는 아파트 단지를 산책하는 중이었어요. 우리 단지 옆에는 작은 언덕이 있었는데 행인들을 위한 계단이 설치되어 있었어요. 그리 높지는 않았지만 경사가 꽤 가파른 편이었거든요. 아이들 몇 명이 중간쯤에서 계단을 벗어나 미끄럼을 타고 있었어요. 그 모습을 본 아들도 아이들과 어울리고 싶어 해서 그렇게 하라고 허락해 주었어요. 아들은 아이들 무리에서 덩치나 나이가 중간 정도였어요. 얼마 지나지 않아 아들이 조금 더 높은 곳에서 미끄럼을 타고 싶다고 했어요. 저는 걱정스러웠지만 아들을 막지 않았어요. 아들은 계속해서 미끄럼 타기를 성공했어요. 자신감이 생긴 아들은 더 높은 곳으로 올라갔어요. 물론 저는 태연하게 있었지만 속으로는 무슨 일이 생기지나 않을까 안절부절 못하고 있었어요. 하지만 저는 '아이에게 못하도록 하지 않겠다'는 결심을 지키기 위해서 참았어요. 마침내 아들은 모든 두려움을 이기고 저는 그것을 볼 수 있었죠 언덕 가장 높은 곳까지 올라가서 미끄럼을 탔어요.

흥분한 아들은 집으로 들어서자마자 소리쳤어요.

"아빠, 난 할 수 있어!"

"뭘 할 수 있다는 거냐?" 아빠가 물었어요.

"다! 뭐든지!"

아들의 대답에는 자신감과 자부심이 가득했어요.

이 이야기 속에 등장하는 아이는 값으로 따질 수 없는 소중한 경험을 했다. 이 경험은 위험과 공포를 극복한 것이었기에 더욱 소중하고 값진 것이다. 아이에게 '나는 뭐든지 할 수 있어!' 라는 자신감을 갖는 것이 얼마나 중요한 일인지는 더 이상 설명할 필요가 없을 것이다.

여기에서 우리는 아이가 스스로 결정하고 직접 실행했다는 사실과 함께 아이가 위험과 두려움에 맞설 수 있도록 자유를 준 아이 엄마의 행동에 주목할 필요가 있다. 그리고 아이에게 자신감이라는 '선물'을 준 사람은 바로 아주 특별한 용기를 갖고 결단을 내린 엄마였다는 것을 기억해야 한다.

믿기지 않는 집중력

노벨물리학상을 수상한 물리학자 닐스 보어에 관한 일화로 시작해 보자.

한 어머니가 두 아들 닐스와 그의 동생 하랄과 함께 기차여행을 하고 있었다. 그들이 목적지에 도착해서 기차에서 내렸을 때 옆 쿠페 칸에 앉아 있던 여행객

이 측은해하며 말했다. "불쌍한 엄마군, 한 아이는 정상인데, 다른 아이는 바
보 같아!"

여행객이 바보 같다고 말한 아이가 바로 닐스 보어였다. 물론 여행객
역시 그렇게 말한 데에는 그만한 이유가 있었다. 여행을 하는 동안 내내
닐스는 입을 반쯤 벌린 채 한 곳만을 쳐다보고 있었는데 여행객의 눈에
는 닐스의 이 같은 행동이 '바보'처럼 비춰졌기 때문일 것이다. 여행객
은 어린 아이가 무언가 한 가지 문제에 그토록 깊게 빠져들 수 있다는 사
실을 이해하지 못했다 사실 대부분의 어른들이 아이들의 이런 면을 잘 이해하지 못한다. 하지
만 이 어린 소년은 어떤 일에 집중할 수 있는 놀라운 능력을 이미 갖추고
있었다. 훗날 이 폭발적인 집중력은 소년의 숨겨진 재능을 꽃피우는 결
정적인 능력이 되었다는 것은 말할 필요도 없을 것이다.

심리학자들은 나이가 어리면
어릴수록 무언가에 빠져 다른
일에 전혀 신경을 쓰지 못하는
상황이 훨씬 더 자주 발생한다
는 사실을 증명했다. 그 이유는
간단하다. 접하는 모든 세계가
새롭고, 알지 못하는 미지의 것
이어서 어린 아이에게는 아주
흥미롭기 때문이다. 새로운 것
의 총량은 아이가 어른이 되어

서 알고 체득하는 양만큼 많은 것이니 무궁무진하다고 할 수 있다. "어른은 일 미터도 안 되는 공간에서 살아가지만 다섯 살도 안 된 아이는 우주만큼 넓은 곳에서 살고 있다."는 톨스토이의 말은 바로 이런 아이들의 상황을 잘 이해한 것이다.

사실 집중력은 아이들에게 특별한 재능이라고 할 수 없을지도 모른다. 왜냐하면 그것은 모든 아이들이 정말로 모든 아이들이 선천적으로 가지고 있는 재능이기 때문이다. 어른들의 경우에도 가끔은 집중력을 발휘한다. 책을 재미있게 읽다보면 우리는 누가 부르는 소리를 듣지 못하거나, 정류장을 그냥 지나쳐 버리기도 하는데 이런 경우가 어른들이 집중력을 발휘하는 순간이다. 하지만 이것은 어른들에게 있어서 자신이 좋아하는 일을 할 때 느끼는 조금은 예외적인 경우일 뿐이고 아이들처럼 수시로 그 상태에 이르지는 못한다. 어른들이 아이들의 특별한 재능인 집중력을 발견하기 힘든 것은 바로 이 때문이다.

하지만 한 가지 분명한 것이 있다. 이런 집중의 순간에 인간의 두뇌와 정신은 매우 활발하게 움직인다는 것이다. 그러므로 아이들에게 '집중의 순간'은 무엇보다 중요하다. 아이를 기르는 부모라면 이 사실을 반드시 기억해야 한다. 아이들은 초등학교 1~2학년이 되면 뭔가 골똘하게 자신만의 생각에 빠지곤 한다. 이런 특성을 이해하지 못한 부모들은 아이의 생각을 방해하면서 "너 무슨 엉뚱한 생각을 하고 있는 거야, 지금은 공부를 하는 시간이야. 좀 집중해!"라고 이야기한다. 하지만 '무언가에 대해서 깊게 생각하면서 아이의 머릿속에서 만들어지고 있는 상상 속의 경험'은 그 아이의 일생에 있어서 아주 소중한 재산이다. 그러므로 골똘하게 생각하고 있는 아이들을 함부로 대하지 말고 이해심을 갖고 대해주어야 한다.

경이로운 고집

집중력과 마찬가지로 모든 아이들이 가지고 있는 또 하나의 특성은 고집이다. 아이들은 끊임없이 뭔가를 자기 것으로 만들기 위해 노력을 한다. 오직 자기만의 방식을 고집하며 반복된 연습을 통해 새로운 동작을 익힌다. 이 과정에서 아이들은 실수를 두려워하지 않는다. 그래서 원하는 것을 이룰 때까지 똑같은 일을 열 번이고 스무 번이고 반복한다.

첫돌이 지난 아이 엄마의 이야기를 들어보자.

저는 소파에 앉아 있었어요. 그리고 아이는 제게서 몇 미터 떨어진 곳에 있는 일인용 소파를 붙들고 서 있었죠. 아이는 얼마 전에 걸음마를 시작했어요. 벽이나 가구에 의지해서 서 있거나 한 발 두 발 옮기는 것은 가능하지만 손을 떼는 순간 중심을 잃고 쓰러졌지요.

그날 아이는 제게 오고 싶어 하는 것 같았어요. 저는 다정하게 아이의 이름을 불렀죠. 누가 보아도 아이는 제게 오고 싶어 하는 것이 틀림없었어요. 아이는 소파에서 손을 떼고는 몇 걸음 걷더니 중심을 잃고 그대로 엉덩방아를 찧었어요. 그리고 두 손으로 바닥을 짚었어요. 저는 아이가 기어서 제게로 올 줄 알았어요. 그런데 아니었죠. 아이는 제게 오지 않고 다시 일인용 소파가 있는 곳으로 갔어요. 그곳에서 두 발로 서더니 다시 저한테 오기 위해 걷기 시작하는 거예요. 아이는 다시 중심을 잃고, 왔던 길을 되돌아서 기어갔어요. 그렇

게 수십 차례를 반복 했어요. 그리고 마침내 제가 있는 곳까지 걸어올 수 있었어요. 아이는 환하게 웃었어요. 승리를 만끽하고 있는 것 같았죠. 그 순간 제가 아이와 함께 나눈 것은 기쁨만이 아니었어요. 아이의 표정에서 느껴지는 자랑스러움도 함께 느낄 수 있었거든요. 저는 제 아이가 정말로 하나의 인격체라는 사실을 처음으로 깨달았어요.

엄마라면 누구나 '아이 엄마'의 말을 공감할 수 있을 것이다. 이 이야기를 통해 우리는 아이가 익숙하고 일상적인 것을 버리고 새로운 것을 받아들이는 데 어려움이 따른다는 것을 알았다. 더불어 아이는 그 어려움을 피하지 않고 고집스럽게 자신의 목적을 달성한다는 사실도 알게 되었다. 세상의 아이들은 모두 똑같다.

풍부한 감수성

동물 심리를 연구하는 유명한 학자인 오스카 하인로트는 버릇처럼 늘 '동물은 인간보다 훨씬 감정이 풍부한 생명체다.' 라고 이야기한다. 마찬가지로 아이들에 대해서 '아이는 어른보다 훨씬 감정이 풍부한 생명체다.' 라고 이야기할 수 있을 것이다. 나는 거기에 '예민한' 이라는 말을 덧붙이고 싶다. 아이들은 어른들이 보기에 아무것도 아닌 일, 이를테면 슬쩍 지나가면서 본 것을 평생 동안 가슴에 담아 두기도 하는데 이는 놀라운 능력이 아닐 수 없다. 그것은 기억력도 기억력이지만 어떤 감성적 능력이 포함되어 있기 때문이다. 때때로 이러한 능력은 아이의 일생을 결정하는 데 중요한 역할을 한다.

호주의 심리학자 알프레드 아들러는 아이 때 가지게 된 기억이 성인이 된 이후의 삶에서 어떤 의미를 갖는가에 대해서 오랫동안 연구했다. 그가 만난 한 여인의 이야기를 들어보자.

아버지는 제가 세 살이 되면 말을 사주겠다는 약속을 했어요. 그리고 제가 세 살이 되던 해에 아버지는 언니와 저를 위해 말 두 마리를 사서 집으로 데리고 왔어요. 저보다 세 살 많은 언니는 그 중 한 마리의 고삐를 넘겨받자마자 당당하게 말을 끌고 밖으로 나갔어요. 저는 남겨진 말의 고삐를 잡고 언니를 따라나섰어요. 어느 순간 제가 고삐를 잡은 말이 앞서 달려가는 언니의 말을 좇기 시작했는데 어린 제가 감당하기에는 너무 빠른 걸음이었어요. 결국 저는 좇아가다가 넘어져서 진창에 얼굴을 박고 말았어요. 그토록 오랫동안 기대했던 일이 그렇게 비극적으로 끝나버린 것이죠. 제가 언니에게 일종의

경쟁의식을 갖기 시작한 것은 아마 그 일이 일어난 후일 거예요. 저는 어느 것 하나도 언니에게 지고 싶지 않았고 그래서 무슨 일이든 더욱 노력하게 됐어요.

아들러는 이 이야기를 통해 '어린 시절 말 때문에 넘어진 기억'이 단순하게 소녀의 머릿속에 기억으로만 남은 것이 아니라는 사실을 지적하고 있다. '나는 어떤 일을 할 때 최선의 노력을 기울여야 한다. 만약 그렇지 못할 경우에 언니는 항상 승리자의 모습으로 더러운 진창에 얼굴을 박은 나를 내려다보게 될 것이다. 나는 그런 상황을 참을 수가 없다. 결국 스스로를 보호하기 위한 유일한 방법은 내가 이기는 것이다.' 이처럼 어린 시절 한 순간의 기억이 소녀의 인생에 중요한 지표가 된 것이다.

우리는 이와 비슷한 사례를 유명인들의 자서전에서도 쉽게 볼 수 있다. 러시아의 유명한 시인인 마리나 쯔베타예바 역시 그런 경험을 기록으로 남기고 있다.

쯔베타예바가 여섯 살 때의 일이다. 그녀는 콘서트홀에서 푸쉬킨의 장편 서사시 『예브게니 오네긴』을 원작으로 한 오페라를 보고 있었다. 그녀의 운명을 결정한 것은 주인공인 오네긴과 타치아나가 정원에 앉아 있는 장면이었다. 보통 사람들은 눈여겨보지 않는 너무나 평범한 장면이었다. 쯔베타예바는 당시의 모습을 자신이 받아들인 대로 다음과 같이 표현하고 있다.

　벤치. 벤치에는 타치아나가 앉아 있다. 그 곁으로 오네긴이 다가온다. 하지만 오네긴은 앉지 않았다. 타치아나가 자리에서 일어선다. 이제 두 사람은 모두 서 있는 상태가 되었다. 오네긴은 혼자서 꽤 긴 시간동안 이야기를 한다. 타치아나는 아무 말도 하지 않고 오네긴의 이야기를 듣고만 있다. 그때 나는 사랑이라는 감정을 분명하게 이해하게 되었다. 벤치에 앉아 있는 여자 곁으로 다가온 남자가 계속해서 이야기를 하고 여자는 아무 말 없이 잠자코 듣고 있는 그 장면을 보는 순간 '사랑이란 바로 저런 것이구나!' 하고 생각을 했다.
　하지만 내가 처음으로 사랑을 깨달은 장면은 애석하게도 '사랑의 장면'이 아니었다. 오네긴은 벤치에 앉지 않고 서 있었는데 그는 타치아나를 사랑하지 않았고 ^{나는 알 수 있었다.} 타치아나는 오네긴을 사랑했다. 그녀가 오네긴을 따라 일어섰기 때문이다.

내가 처음으로 본 '사랑의 장면'은 그때부터 나의 모든 행농을 규정했다. 그래서 내 마음을 가득 채운 모든 열망은 불행하고 일방적이며 불가능한 사랑이었다. 아주 오랜 시간이 흐른 후에도 항상 내가 먼저 누군가에게 편지를 쓰고, 내가 먼저 손을 내밀었던 것은 모두 타치아나 때문일 것이다. 인생의 여명기에 두 눈으로 생생하게 보았던 땋은 머리를 어깨 뒤로 아무렇게나 넘기고 촛불 아래 앉아 있는 책 속의 타치아나 말이다. 그때부터였다. 내게 삶이란 용기에 대한 수업, 자부심에 대한 수업, 신의에 대한 수업, 운명에 대한 수업 그리고 외로움에 대한 수업이었다.

모든 아이들이 천부적으로 활동성, 독자성, 자립심, 유연성, 풍부한 감성과 감정을 가지고 있다. 이것들이 모여서 타고난 아이들의 재능, 능력, 성격을 키워줄 뿐만 아니라 이런 타고난 능력들은 때때로 아이들의 운명을 결정짓기도 한다. 이제 그것이 어떻게 이루어지는지 살펴보기로 하자.

chapter 02

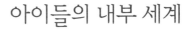

아이들의 내부 세계

'자신만의 세계'로 몰입

감수성이 뛰어난 아동기에는 긴장, 흥분, 놀라움 등의 감정표현이 자주 일어난다. 이런 감정표현은 매우 중요하다. 아이들은 이런 감정표현을 통해 자신만이 가진 '고유한 세계'를 발견하기 때문이다. 눈에는 보이지 않는 아이들의 세계를 인정할 때에만 우리는 아이들이 가진 놀라운 몰입능력을 이해할 수 있게 된다. 물론 여기에는 의식적인 노력이 필요하다.

동물과 인간의 행동을 연구하는 유명한 오스트리아 동물행동학자 콘라드 로렌츠의 기억을 통해 우리는 그것이 얼마나 중요한지를 다시 한 번 깨달을 수 있을 것이다.

북유럽에서 가장 아름다운 계절인 여름이 끝나가고 있다. 이맘때가 되면 기억나는 것이 있다. 그것은 70년 전, 어머니, 이모와 함께 두나이 강변을 산책할 때 일어났던 일이다. 그때 나는 학교에 들어가기도 전이었고 당연히 글을 읽지도 못했다. 걱정 많은 어머니와 더 걱정 많은 이모의 거듭된 잔소리에도 불구하고 나는 두 개의 강이 마주치는 곳에 있는 떡갈나무 숲에서 노는 것을 좋아했다. 나는 그날노 다른 날과 마찬가지로 떡갈나무 숲으로 들어가고 있었다. 그때 머리 위에서 이상한 쇳소리 같은 것이 들렸다. 고개를 들어 보니 청둥오리 떼가 어딘가로 날아가는 중이었다. 나는 지금도 그때의 그 감정을

1장 내 아이를 어떻게 이해할 것인가

생생하게 느낄 수 있다. 나는 청둥오리들이 어디에서 날아올라 어디로 날아가는지 알지 못했다. 하지만 분명한 것은 나도 그들과 함께 날아가고 싶었다는 것이다. 그곳에서 나는 낭만적인 여행에 대해서 생각을 했고, 그로 인해 나의 심장은 격렬하게 뛰었다. 아마도^{아니 나는 확신한다.} 이것이 내 인생에서 처음으로 일어났던 창작에 대한 열망이었을 것이다.

인간의 감정은 매우 일찍 발달하여서 생을 마칠 때까지 변하지 않는다. 머리 위로 청둥오리가 날아갈 때면 항상 어린 시절의 낭만적 감정이 되살아난다. 그리고 마치 상상 속의 이야기에서처럼 내가 부르는 소리에 응답하여 청둥오리 떼가 내려올 때 어린 시절의 꿈이 현실에서 이루어질 것 같았다.

로렌츠는 70살에 노벨상을 수상하기까지 수많은 놀라운 발견을 했다. 그 발견의 대부분은 보살피고 관찰하면서 알게 된 청둥오리의 행동양식에 관한 것들이었다. 로렌츠는 유년의 꿈을 평생 동안 간직했다. 그리고 그 꿈을 이루었다.

이와 비슷한 운명적인 경험을 한 사람으로 찰리 채플린이 있다. 채플린의 어머니는 연극 배우였다. 그녀는 채플린을 극장에 자주 데리고 갔다. 하루는 무대에 있는 그녀를 극장장이 불렀다. 극장장은 채플린의 어머니에게 경영난에 대해서 장황하게 이야기를 했다. 그리고 경영난을 극복할 수 있는 획기적인 아이디어를 제시했다. 어린 채플린을 무대에 세우자는 것이었다. 극장장은 채플린이 어머니와 함께 노래하고 춤추는 것을 봤는데 충분히 가능성이 있다며 그녀를 설득했다. 그녀 역시 채플린의 재능을 알고 있었기 때문에 극장장의 말에 동의했고 채플린은 무대에

서게 되었다.

　극장장은 관객들에게 채플린을 소개한 후 무대에서 내려갔다. 눈부신 조명이 무대에 혼자 남겨진 어린 채플린을 비췄다. 채플린은 노래를 한 곡 불렀다. 관객들은 환호하며 동전을 무대 위로 던졌다. 꼬마 채플린은 관객들의 갈채에 흥분했고 계속해서 노래를 불렀다. 자신감이 생긴 채플린은 점점 무대의 분위기에 빠져들어 노래를 부르면서 손짓, 몸짓 등 율동을 덧붙이기까지 했다. 공연은 대성공을 거두었다. 이 무대가 바로 후에 찰리 채플린이라는 대배우를 탄생시킨 계기였다.

　아이가 자신의 소질이나 재능, 혹은 자신의 꿈을 발견하는 것은 로렌츠나 채플린의 예에서 보듯이 한순간의 특정한 사건에 의해서인 경우가 많다. 물론 모든 사람의 미래가 어떤 한순간에 의해 결정되는 것은 아니다. 우리가 느끼지 못하는 사이에 만들어진 많은 '우연한 만남이나 놀라운 체험'이 쌓여서 미래가 결정될 수도 있다. 하지만 어린 시절에 새롭게 접한 어떤 물건이나 경험은 아이의 눈과 마음을 사로잡아 자신만의 세계로 몰입하게 만든다. 이때 남겨진 지울 수 없는 '흔적'은 개인적인 경험을 통해서 '자신만의 고유한 세계'로 자리 잡게 된다.

'운명적인 것'에 대한 예감

'이것은 내 길이야!'라는 마음이 어떤 단 한순간의 선명한 사건이나 느낌 때문에 생겼든 아니면 기분 좋은 사건들이 차곡차곡 쌓여서 만들어진 것이든 간에 아이들의 경우 대부분은 아주 어릴 때 미래의 운명에 대한 어떤 느낌을 받는다. 이런 경우 대부분의 어른들은 아이들이 현실과 동떨어져서 막연한 미래를 꿈꾸고 있다고 생각한다. 하지만 아이들은 이런 상상이나 막연한 느낌을 통해 자신이 의미 있고 유능한 존재라는 것을 인식한다. 이런 느낌이나 상상은 아이의 미래를 결정하는 중요한 요인이 된다.

찰리 채플린의 이야기를 다시 해보자. 그의 가족은 매우 가난했다. 그래서 찰리 채플린은 아주 어렸을 때부터 돈을 벌어야만 했다.

"어린 시절 나는 항상 일을 하고 있었다. 신문을 팔거나, 인형을 만들거나 인쇄소나 병원 접수창구에서 허드렛일을 했다. 심지어는 그 어린 나이에 공장에서 유리를 불어서 병을 만드는 일도 했다. 하지만 당시에 내가 무슨 일을 하는지에 관계없이 언젠가는 배우가 되겠다는 생각을 결코 잊어버린 적이 없었다.”라고 찰리 채플린은 자서전에 쓰고 있다.

유명한 화가 마르크 샤갈의 부모님은 아들이 회계사나 관리가 되기를 희망했다. 샤갈은 “화가라는 말은 우리 마을에서는 입에도 담지 않았던 아주 천한 직업이었다.”라고 썼다. 하지만 어린 마르크 샤갈은 주변의 극심한 반대에도 불구하고 그림을 그리겠다고 결심했다.

“엄마, 난 화가가 될 거야. 날 도와줘 엄마, 나하고 함께 가자. 도시에 가면 학교가 있는데 그곳에 다니면 진짜 화가가 될 수 있어. 그러면 나는 정말 행복할거야.”

"뭐라고? 화가라고? 무슨 말도 안 되는 소리냐? 빵 굽는 데 귀찮게 굴지 말고 저리 가거라."

"엄마, 난 더 이상 참을 수 없어. 제발 같이 가자!"

"엄마가 바쁘다고 했지. 제발 날 그냥 놔둬라!"

'어쨌거나 난 화가가 되고 말 거야. 혼자서라도 하면 되지, 뭐.' 라고 나는 생각했다.

우리가 본 채플린과 샤갈은 어린 나이였다. 그럼에도 그들은 어떤 상황에서나 자신의 능력을 충분히 발휘할 수 있으며 자신의 의견과 느낌을 자유롭게 표현할 수 있는 자기 존중의 태도가 형성되어 있다. 무엇이 이 것을 가능하게 했던 것일까?

조용한 집중의 순간

이제까지 이야기한 아이의 인생에 길을 밝혀준 사건들은 몇 가지 공통적인 특징을 가지고 있다. 첫째, 아이들은 스스로 무엇인가를 하면서 자신의 운명을 발견한다. 특히 겉으로는 조용해 보이지만 아이의 관심이 매우 활발하게 일어나는 순간이 있다. 이것이 바로 '조용한 집중의 순간' 이다. 우리는 아이가 침대에 누워있을 때 종종 이런 모습을 목격할 수 있다. 완전히 깬 것도 아니면서 그렇다고 잠이 들지 않은 상태에서 아이는 조용히 무언가를 하고 있다.

한 심리학자는 이 장면을 다음과 같이 썼다.

"아기가 누워 있는 침대를 주의 깊게 들여다보라. 당신은 아기가 무언가를 찾고 있다는 것을 깨닫게 될 것이다. 아기는 도대체 무엇을 찾고 있는 것일까? 간단하다. 아기는 '세상'을 찾고 있다."

만약 아이가 이미 유아기를 지났다면 '세상'을 찾는 일보다 훨씬 더 구체적이고 의미 있는 내용 찾기를 시작한다.

몇 가지 예를 보자.

"엄마, 들어봐요! 우유 파는 아줌마가 창 밖에서 시단조로 소리치고 있어요."

어느 날 아침 로시니는 침대에 누워서 엄마에게 소리쳤다. 이것은 작곡가인 안토니오 로시니가 두 돌이 조금 지났을 때의 이야기다. 로시니는 이렇게 자신이 가진 절대 음감을 처음으로 세상에 알렸다. 물론 로시니의 엄마가 피아니스트였기 때문에 이미 음계를 알고 있었기 때문이기도 하다. 하지만 중요한 것은 무언가에 집중해서 전혀 연관성이 없는 두 가지를 연결시켜 이해했다는 사실이다.

가우스는 어릴 때부터 수학에 재능을 보였다. 그는 회계사인 아버지가 중얼거리면서 계산을 하고 있으면 침대에 누운 채 아버지의 실수를 지적했다.

소피아 코발레프스카야는 수학자가 된 아주 특별한 계기가 있었다. 그녀가 수학에 대해 관심을 가지게 된 것은 병원에 입원해 있을 때였다. 누군가가 새로운 벽지를 바르기 위해 못 쓰는 종이를 벽에 붙여 뒀는데 그 종이에는 수학 공식들이 적혀 있었다. 벽에 적어 둔 수학공식에 대한 궁금증에서부터 수학자의 꿈이 시작되었다.

이처럼 아이는 주위가 조용하고 혼자인 상황에서 본능적으로, 그리고 더 활발하게 자신의 길을 느끼고 찾기 시작한다. 로렌츠의 회고에서 보았듯이 그는 산책을 할 때 엄마와 이모가 가지 말라고 하는 말을 듣지 않았다. 하지만 그랬기 때문에 로렌츠는 청둥오리의 울음소리를 들었고 혼자 수풀 사이에 서 있게 되었다. 그리고 그것은 자신의 길을 훨씬 더 정확하고 빠르게 찾을 수 있는 계기가 되었다.

다섯 살짜리 쯔베타예바는 자신이 좋아하는 푸쉬킨을 읽기 위해서 자신만의 비밀장소인 책장에 들어가 앉았다고 한다.

닫혀있는 책장 속에 갇힌 열매. 이 열매는 다름 아닌 '푸쉬킨 전집'이란 금박 활자가 박힌 두꺼운 책이었다. 나는 책장 안의 빈 공간에 걸터앉아 두꺼운 푸쉬킨의 책을 읽었다. 어두웠기 때문에 책에다 얼굴을 바짝 붙일 수밖에 없었다. 하지만 푸쉬킨의 시는 내 가슴과 머릿속을 환하게 밝혀주었다.

비밀스러운 경험

아이들은 무언가를 소중하게 느끼면 느낄수록 다른 사람으로부터 그 것을 감추려고 한다. 앞에서 본 쯔베타예바도 마찬가지였다.

나는 푸쉬킨의 시 「집시」에 푹 빠져 있었다. 시에 나온 단어 하나하나를 사랑하게 되었다. 하지만 아무에게도 그 사실을 이야기할 수 없었다. 어른들 몰래 책을 읽었기 때문에 어른들에게 이야기할 수 없었고, 다른 아이들은 내 이야기를 전혀 이해하지 못했다. 그것은 비밀이 되었고 나만의 비밀이었기 때문에 더욱 소중했다. 나만의 붉은 방, 나만의 파란 책…….

유명한 심리학자 카알 로저스는 어렸을 때 단 한 종류의 나비에 관심을 가졌다. 그는 자신이 이 나비에 관심이 있다는 것을 다른 사람들이 눈

1장 내 아이를 어떻게 이해할 것인가

치 채지 않도록 조심스럽게 행동했다. 쯔베타예바와 마찬가지로 로저스는 이 나비를 보자마자 첫 눈에 자신의 모든 것이 빨려 들어가는 강렬한 느낌을 받았다.

나의 관심은 파란 바탕에 테두리가 빨간 날개를 가진 놀랍도록 아름다운 나비에 집중되었다. 나는 지금도 이 나비를 보면 내가 어렸을 때 처음으로 그 나비를 보았던 장소로 되돌아가는 것 같다. 라벤더 색 무늬가 있는 녹색과 금색으로 반짝이는 놀라운 모습. 나는 완전히 사로잡혔다.

어린 로저스는 몇 년 동안이나 집과 집 주위에서 이 나비를 찾는 일에 온통 정신을 빼앗겼다. 자연스럽게 그는 나비들이 살아가는데 필요한 조건들을 알아보기 시작했다. 무엇을 먹고 사는지, 어떤 나무에서 사는지, 애벌레에서 나비가 되는 데까지 걸리는 시간은 얼마나 되는지 등 이 분야의 전문가들이나 알고 있을 법한 많은 지식을 알게 되었다.

나는 내가 관심을 가지고 있는 이 사실에 대해 선생님은 물론 부모님에게 조차 이야기하지 않았다. 나를 완전히 사로잡은 그 일은 '다른 모든 사람들이 알고 있는 나'와는 전혀 별개의 것이었다. 내가 관심을 가지고 있는 것은 순전히 나만의 것이었다. 이것은 선생님이나 부모님과는 전혀 관계가 없는 일이기 때문에 누구도 그 일을 방해해서는 안 된다고 생각했다.

로저스는 무엇 때문에 선생님 또는 부모님과의 관계가 아닌 자기만의 것이라고 하는 것일까? 또 방해해서는 안 된다고까지 말하는 것은 무엇 때문일까?

아이는 자신이 소중하게 생각하는 것을 다른 사람이 거칠게 대하거나 무관심을 나타내서 자신의 내부의 세계를 다치게 할까봐, 또는 자신의 영혼 속에 살고 있는 놀라움과 관심의 세계가 무너질까봐 그러는 것이다. 간단히 말해 아이는 그것을 보호하고 싶어 한다. 아이는 그 세계를 자신의 것처럼 느끼고 자신의 한 부분처럼 걱정한다. 이러한 형태로 비밀을 지킨다는 것은 자신을, 자신의 개인적인 세계를 지키는 싸움이 된다.

몰이해에 대한 저항

만약 아이가 어떤 일에 항상 관심을 보인다면 그것은 아이가 그 일에

재능이 있다는 것을 보여주는 지표가 된다. 화가이자 전기 작가인 조르지오 바자리가 쓴 화가 조토의 평전에 주목할 만한 대목이 있다.

평범한 농부인 아버지는 조토에게 양 몇 마리를 돌보는 일을 맡겼다. 조토는 양을 돌보면서 자연의 풍경에 관심을 가지고 땅이나 바위, 모래 등 어느 곳에나 닥치는 대로 그림을 그렸다. 그를 가르친 사람은 아무도 없었다. 오직 자연만이 그의 스승이었다.

그림에 대한 이런 종류의 관심은 조토와 마찬가지로 샤갈에게서도 _{샤갈의 가족 중 어느 누구도 그림에 대한 재능이나 관심이 없었다.} 아무런 특별한 교육도 없이 발현되었다. 실제로 이런 식으로 재능을 발현하는 일은 거의 모든 분야에서 어렵지 않게 찾을 수 있다. 그가 전문 교육을 받으며 성장했는지 그렇지 않은지는 별개의 문제이다. 가장 중요한 것은 자신을 발견한 아이는 하루 종일, 24시간 내내 쉬지 않고 자기가 좋아하는 일을 한다는 것이다. 뿐만 아니라 상황이나 부모의 의지를 거스르면서까지 최선의 노력을 기울이기도 한다.

유명한 물리학자 레프 란다우의 아버지는 란다우가 수학에 빠져 사는 것을 좋아하지 않았다. 란다우는 초등학교에 들어가기도 전부터 수학을 좋아했고 재능을 보였다. 하지만 란다우의 아버지는 란다우가 수학에 관한 책을 읽거나 문제를 풀면 체벌을 하면서까지 강제로 음악 공부를 시켰다. 열세 살의 어린 란다우가 자살에 대해 생각할 정도로 문제가 커졌지만 란다우의 경우에는 어머니의 도움으로 그 상황을 해결할 수 있었다.

란다우의 경우와 달리 쯔베타예바의 경우에는 어머니가 반대를 했다. 쯔베타예바의 어머니는 꽤 유명한 피아니스트였다. 하지만 자신이 누린 피아니스트로의 명성에 만족하지 못한 그녀는 자신의 못다 이룬 꿈을 쯔베타예바를 통해 이루리고 했다. 그녀는 다섯 살짜리 쯔베타예바가 하루에 몇 시간 이상은 반드시 피아노를 쳐야 한다며 강제적으로 연습을 시켰다. 쯔베타예바는 거의 자동적으로 음악과 피아노로부터 멀어져갔다. 쯔베타예바의 관심은 오직 책이었고 시였다. 쯔베타예바는 점점 독서에 열중하게 되었다. 쯔베타예바는 4살 때부터 책을 읽을 수 있었지만 쯔베타예바의 어머니는 아이가 책 읽는 것을 못마땅해 했다. 하지만 책을 읽고 싶은 열망을 막을 수는 없었다. 쯔베타예바가 매일 연습을 하는 그랜드 피아노 옆 선반에는 악보들이 가득했다. 그 선반에는 언니 레라의 악보도 있었는데 그 중에는 가사가 적혀 있는 로망스의 악보가 있었다. 물론 로망스의 가사는 아이가 읽기에 어려운 내용으로 가득했지만 그런 것은 아무런 장애가 되지 못했다.

나는 언니의 악보에 있는 가사를 보고 너무나 기쁜 나머지 하루 종일 그것을 외우고 다녔다. 엄마가 옆에 있는지도 모르고 소리를 내어 읊었다.

"심장에 기쁨과 천둥이……."

"너 무슨 말을 하는 거냐? 어디 다시 한 번 말해봐라!"

갑자기 등 뒤에서 엄마의 목소리가 들렸다.

"심장에 기쁨과 천둥이……."

나는 기어들어가는 목소리로 이야기를 시작했다.

"그게 무슨 뜻인지는 아는 거
냐?"

"그러니까 심장에 기쁨과 천
둥이라는 것은……."

"뭐? 뭐라고?"

엄마는 내 말을 끊으며 이야기
를 했다.

"언니 악보를 보지 말라고 내
가 너한테 수백 번도 더 말했잖
아. 정말 더 이상은 못 참겠다. 그
렇다고 자물쇠를 채워 놓을 수도 없고."

엄마는 이해할 수 없다는 표정을 짓고는 아빠가 있는 방으로 가버렸다.

'형식적인 것'에 대한 저항

관심의 깊이가 크면 클수록 아이는 더 정확하게 자신의 길을 알게 된
다. 이사도라 던컨 역시 이미 어린 시절에 새로운 스타일의 춤에 대해서
관심을 가졌다.

나는 다른 형태의 춤에 대해서 생각을 했다. 나는 새로운 춤이 어떻게 되어
야 할지 구체적으로 알지 못했다. 하지만 그 알 수 없는 세계에 대한 관심은
점점 깊어졌다. 나는 그 세계를 느꼈고 내가 그 세계 속으로 들어갈 수 있다고
믿었다. 내 예술은 내가 어린 소녀였을 때 이미 내 안에서 살고 있었다.

아이의 관심을 알아본 던컨의 어머니는 유명한 발레 교사에게 그녀를 보냈다.

수업은 전혀 마음에 들지 않았다. 선생님은 대뜸 내게 발가락 끝으로 서 보라고 했다. 나는 왜 그렇게 해야 하는지 선생님에게 물었다. "아름다우니까!" 선생님의 대답은 간단했다. 나는 선생님께 그것에 대한 내 생각을 말했다, "이것은 흉측할 뿐만 아니라 자연의 법칙에도 위배된다."고. 세 번의 수업을 받은 후 난 더 이상 그곳으로 돌아가지 않았다, 선생님이 춤이라고 부르는 형식에 얽매인 진부한 체조는 나의 꿈을 위축시킬 뿐이었기 때문에.

마르크 샤갈도 어머니와 함께 간 미술학교에서 던컨과 비슷한 느낌을 적고 있다.

작업실은 위아래 할 것 없이 그림들로 꽉 들어 차 있었다. 그림은 석고 팔, 석고 다리 그리고 그리스인들의 머리뿐이었다. 나는 아직 내가 어떤 길을 택하게 될지 모르고 있었다. 하지만 그 그림들을 본 순간 내 가슴 속 깊은 곳에서 '이것은 내 길이 아니다.' 라고 소리치고 있었다.

엄마는 작업실 구석구석을 살펴보았다. 그리고 갑자기 내게로 몸을 돌리더니 간절하고도 단호하게 말했다.

"애야, 이걸 보렴. 넌 결코 이렇게 그릴 수 없을 거야. 집으로 가자."

"엄마, 잠깐만 기다려 봐요! ……"

나는 엄마를 설득하기 위해 이야기하면서 생각했다.

'도대체 무엇 때문에 이렇게 하는 거지? 이것은 내 길이 아니다.'

아무런 방해를 받지 않는 혼자만의 유익한 시간, 타인으로부터 자기 자신의 보호 그리고 몰이해와 형식적인 학습에 대한 저항. 이것만으로는 아이의 능력과 재능의 발전을 기대할 수는 없다. 이것은 최소한의 조건일 뿐이기 때문이다.

이를테면, 비록 아이가 자기만의 자유로운 시간을 혼자서 보낸다고 하더라도 그 속에는 자신의 관심을 다른 사람과 나누고 싶은 마음도 있기 마련이다. 그러므로 아이의 능력과 재능의 발전을 위해서 반드시 갖추어져야 하는 것이 있다. 그것은 부모 또는 선생님의 아이에 대한 올바른 이해이다. 다음에 소개하는 몇 가지 지식은 우리를 아이에 대한 올바른 이해로 이끌 것이다.

chapter 03

아이들을 변화시키는
기본법칙

필요와 동기

모든 살아있는 생물들은 자신에게 필요한 것을 찾아내기 위해서 활발하게 움직인다. 아이가 활발하게 움직이는 이유도 역시 무언가 필요한 것이 있기 때문이다. 아이에게는 무엇이 필요할까?

심리학자들은 '아이들은 본능적으로 지식, 자기 보호, 대화, 성장과 발전, 긍정적인 자기 가치 그리고 자유와 자율을 끊임없이 필요로 한다.' 고 이야기를 한다. 바로 이것이 아이들이 태어날 때부터 가지고 태어나는 기본적인 욕구이다.

우리가 이야기하는 필요는 행동의 동기 또는 자극으로 바뀐다. 필요는 그것을 만족시키는 어떤 것을 찾게 되고 결국 그 어떤 것을 만나게 된다. 이 어떤 것은 아이의 관심을 끌기 시작하고 아이가 어떤 행동을 하도록 자극을 준다. 즉 이 어떤 것이 아이의 행동의 동기가 된다.

아이가 엄마와 대화를 하려고 하는 것은 엄마가 아이에게 필요한 사랑을 충족해주기 때문이고, 아이가 밝은 색의 인형을 보고 얼굴 가득 미소 짓는 이유는 밝은 색이 아이에게 새로운 느낌에 대한 필요를 만족시키기 때문이다. 아이는 기거나, 섣서나 말하기를 배운나. 이것은 성장, 발전 그리고 완전성에 대한 필요를 충족시킨다. 아이가 성장함에 따라 더 많은 물건, 사람, 일, 사건들이 필요와 더욱 더 많은 관계를 맺는다. 즉 동기가 된다.

체호프는 자신의 단편 소설에서 아이들이 카드놀이를 하는 다양한 이유(동기)를 보여준다. 상황은 간단하다. 집에는 아홉 살을 채 넘기지 않은 다섯 명의 아이들이 있다. 아이들은 원형탁자에 둘러앉아서 동전을 걸고 카드놀이를 했다. 금액은 크지 않지만 모두 열심이다.

1장 내 아이를 어떻게 이해할 것인가

텔레비전과 공갈젖꼭지

필요성의 인식이 어떻게 생겨나는지 보여주는 실험이 있었다. 이것은 두 달된 아기를 데리고 실험한 것이다.

아기에게 공갈젖꼭지를 주었다. 이 공갈젖꼭지를 고무호수를 통해서 텔레비전과 연결시켜서 텔레비전의 스위치 역할을 하게 했다. 아기가 공갈젖꼭지를 빨면 텔레비전이 켜져서 움직이지 않는 그림, 말하는 여자의 모습이 나오게 만들었다. 만약 아이가 공갈젖꼭지 빨기를 그만두면 텔레비전이 꺼지게 만들었다.

아기는 배가 부른 상태였다 이 실험에서는 꼭 필요한 조건이다. 아기가 배가 부른 상태이기 때문에 아기는 가끔씩 공갈젖꼭지를 빨았다. 점차적으로 아기는 자기가 빠는 동작을 하게 되면 화면이 들어온다는 것을 알게 되었다. 그러자 다음과 같은 현상이 일어났다. 즉 아기는 아주 자주 공갈젖꼭지를 빨기 시작하였고, 나중에는 쉬지 않고 계속해서 빨아대었다.

이 실험의 결과로 이미 두 달된 아기도 외부의 세계로부터 정보를 적극적으로 받아들이려고 노력한다는 것을 알 수 있다. 이러한 적극성이 바로 필요성의 인식의 탄생인 것이다.

필요성의 인식 또는 탐구성은 아이가 성장하면서 함께 성장한다.

아기들은 금방 감각기관과 손짓아기는 손짓의 도움으로 물질의 특성을 알게 된다의 도움을 받아 나름대로 연구를 계속하면서 인식의 지적인 형태가 나타나게 된다. 아기들은 "이게 뭐지?" "왜 그렇지?" "뭣 때문에?" 등의 전통적인 아기 질문을 어른들에게 한다. 그리고 나서 모든 것이 정상적으로 이루어진다면 읽기, 쓰기 그리고 자연과 인간에 대한 탐구에 관심을 보이게 된다.

아홉 살 그리샤의 얼굴이 진지하다. 주위에 있는 누구보다 카드놀이에 큰 관심을 가지고 있다. 그리샤는 아이들 중 유일하게 돈을 벌기 위해서 카드놀이를 하고 있었다. 만약 돈이 한 푼도 걸리지 않았다면 오래 전에 침대에 누워서 잠을 잤을 것이나. 카드놀이에서 질 수도 있다는 공포가 그의 짧게 자른 머릿속에 있었다. 그는 침착하게 앉아 있을 수 없었고 안절부절 못했다.

그리샤의 여동생인 여덟 살 아냐가 무서워하는 것은 누가 이기지 않을까 하는 것이다. 아냐는 얼굴이 붉어지기도 하고 창백해지기도 하면서 놀고 있는 아이들의 얼굴을 조심스럽게 살폈다. 아냐는 동전 몇 푼에는 전혀 관심이 없다. 카드놀이를 하면서 아냐가 중요하게 생각하는 것은 오직 명예다. 아냐의 생각에 접시 위에는 동전과 함께 명예가 놓여있다.

그리샤의 또 다른 여동생인 여섯 살 소냐는 놀이 자체를 즐기기 위해서 카드놀이를 한다. 소냐의 얼굴에는 기쁨의 표정이 역력했다. 누가 이기든 상관없다는 듯 카드놀이를 하는 내내 소냐는 깔깔거리면서 박수를 쳤다.

뚱뚱한 알료샤는 돈에 대한 욕심도 없으며 놀이를 즐기지도 않는다. 이 무리들 중 누구도 자신을 자러가라고 쫓아내지 않는 것만이 고마울 뿐이다. 알료사는 겉모습은 게으르게 보이지만 아주 약삭빠른 머리를 가지고 있다. 그런 알료샤가 탁자에 앉은 이유는 카드놀이를 하기 위해서가 아니라 카드놀이를 하게 되면 늘 벌어지는 싸움을 보기 위해서이다. 알료샤는 누가 주먹을 휘두르며 욕하는 장면을 기다렸다.

다섯 번째는 하녀의 아들 안드레이이다. 안드레이는 게임에서 이기거나 행운을 잡는 것에 관심이 없다. 안드레이에게 관심이 있는 것은 수학이다. 이 세상에는 얼마나 많은 수가 있는지 그리고 어떻게 이 아이들은 숫자를 헷갈

리지 않고 게임을 할 수 있을까만 궁금할 뿐이다.

체호프의 단편 소설에서 우리는 아이들이 카드놀이를 하는 다양한 동기를 볼 수 있다. 어떤 동기들이 있는지 알아보자. '돈을 벌려고' '명예 때문에' '놀이 자체가 재미있어서' '싸움을 구경하려고' 그리고 마지막으로 '수학에 대한 관심'이다. 삶은 이와 같이 항상 다양한 모습을 가지고 있다. 어떤 한 가지 일이 있다고 했을 때 사람들이 그 일을 하는 이유는 모두 제각기 다르다. 지극히 개인적인 이유로 다를 수 있을 뿐만 아니라 나이, 교육 정도, 인식 능력 발달 정도 등에 따라서 다르게 나타난다. 하지만 이것이 어떤 행동에 대한 동기 전체를 설명해 주지는 못한다.

동기와 감정

사람은 어떤 동기를 갖느냐에 따라서 똑같은 일을 전혀 다르게 느끼기도 한다. 다시 체호프의 단편 소설로 돌아간다면 그러한 상관관계를 볼 수 있을 것이다.

작가는 아냐의 심리를 '접시 위에는 동전과 함께 명예가 놓여있다.'고 표현했다. 아냐는 게임을 이기거나 상대편이 질 경우에 '얼굴이 붉어지기도 하고 창백해지기'를 반복했다. 소냐는 '놀이 자체를 즐기기 위해서' 카드놀이를 하기 때문에 누가 이기든 상관없이 혼자서 '깔깔거리면서 박수'를 쳤다. 소냐가 기뻐하는 이유는 놀이가 계속되고 있으며 그 놀이에 자신이 참여하고 있기 때문이다. 알료샤는 '누가 주먹을 휘두르며 욕하는 장면을 기다렸다.' 즉, 알료샤는 싸움이 일어났을 때 만족을 느끼는 것이다.

사건이 어떻게 계속 진행되는지 한번 살펴보도록 하자.

"와, 내가 맞추었다! 맞추었어!" 소냐가 눈을 가늘게 뜨면서 쌀쌀거리며 소리쳤다. 상대편들은 얼굴을 찡그렸다. 그리샤는 질투심 어린 눈으로 소냐를 바라보며 말했다. "어디 한번 봐!"

왜 그리샤에게는 질투심이 생겼을까? 왜냐하면 그리샤는 동전을 벌기 위해서 게임을 하는데 그것을 자신이 아니라 소냐가 가져가기 때문이다.

동기가 현실화 될 때에는 만족과 기쁨이 생겨난다. 하지만 동기가 현실화되지 않을 때에는 화가 나거나 불만과 환멸이 생기게 된다.

이러한 심리학적 행동을 이해하는 것이 어떻게 아이들을 가르치는데 도움이 되는지 살펴보자.

동기의 발생과 소멸

일반적으로 어떠한 일이건 간에 몇 가지의 동기가 '동시에 작용' 을 하게 된다. 한 소년의 생활 속으로 들어가 보자.

예를 들어서 한 소년이 축구를 하고 있다. 무엇 때문에 축구를 할까?

이 경우에 어떠한 필요가 만족되는지 한번 살펴보면, 첫째, 소년은 육체적인 에너지를 분출해야할 필요를 느끼게 된다. 이때에 운동으로 필요를 충족한다. 둘째, 소년은 완벽성에 대한 필요를 실현하려 하기 때문에 기술의 습득을 위해서 노력한다. 셋째, 소년은 이 나이 때 아주 커다란 필요를 느끼는 친구들과 대화를 한다. 넷째, 골을 넣거나 좋은 패스를 하게 되면 자신감이 생겨서 자신에 대한 가치를 높인다. 다섯째, 관중석에 관객들이 앉아 있다면 그는 더욱 열심히 하게 된다. 이러한 모든 것에 대해서 소년은 솔선수범을 한다. 그는 만날 장소, 시간에 대해서 협의하고 팀원으로서 규율을 지킨다. 이런 식으로 자율적이며 매우 일반적인 기본적인 욕구^{필요}가 충족된다. 위에서 말한 모든 것은 그의 축구와 연관되어 매우 긍정적인 경험을 만들어낸다. 결국 축구는 소년 스스로가 만든 동기가 된다. 소년은 그것을 위해서 많은 시간과 노력을 투자한다.

이제 공부와 관련된 것을 한번 살펴보도록 하자.

공부라는 것은 그렇게 재미있는 일이 아니다. 무엇을 배울 것인지 어떻게 배울 것인지 등에 대한 선택의 여지가 없기 때문이다. 흔히 부모님들은 '공부 끝내기 전에 축구하러 가면 안 된다.' 는 식으로 말한다. 이러한 방식은 자율이 없을 뿐만 아니라 명령과 당위만을 강조하게 된다. 아이들이 명령이나 외부의 압력에 의해 대충 공부를 하게 되고 당연히 결과는 좋지 못하다. 악순환의 고리가 만들어지는 것이다. 대충 공부했기 때문에 앞의 것을 제대로 이해하지 못하고 그 결과는 새로운 것^{수학공식이나 영어 단어 등}에 대한 이해력의 저하로 나타난다. 이런 악순환의 고리^{이 연결고리의 출발은 공부를 하면서 만들어진 어려움에서 출발했다는 사실을 기억해야 한다.}는 결국 어려움에 대한 극복의 의지를 약하게 만든다. 몇 번의 반복되는 실수로 인해 아이 스스로 느끼는 자신의 가치도 떨어진다. 게다가 선생님께 아이들 앞에서 공개적으로 야단을 맞고 친구들 사이에서 인기는 곤두박질친다. 결국 집에서까지도 공부 때문에 야단맞고 벌을 받는다. 부모님과 대화를 해야겠다는 필요성이 점점 없어지게 되어 그 필요성이 '마이너스'가 되어버린다. 공부로부터 생겨난 사소한 결과는 커다란 문제가 되어 아이의 일생을 송두리째 바꿔 버릴 수도 있다. 왜 이런 일이 벌어졌을까? 부모님들이 무심결에 뱉은 한 마디가 이 엄청난 결과를 낳았다. 그 말에는 어떠한 자율적인 동기도 담겨 있지 않았다. 결국 공부는 소년을 밀쳐낸다.

위에서 본 두 가지 예를 통해서 우리는 동기의 발생 역학과 그 반대인 동기의 소멸 역학을 볼 수 있었다. 비유를 하자면 우리의 감정은 어떤 결정체와 같이 우리가 관계를 하고 있는 물체, 일, 인간에 싸이게 된다. 만약 이 결정체가 긍정적이고 밝은 것이라면 '물체'는 혼자서 빛을 발하며 스스로 동기가 된다. 만약 이 결정체가 부정적인 것이라면 '물체'에 붙어서 해악이 되는 역할을 한다. 공부하는 것을 좋아하는 아이를 오히려 공부를 거부하는 아이로 만드는 것이다. 이러한 경우 우리는 '흥미를 잃다'라고 말한다.

이런 식으로 우리가 '인생'의 법칙과 필요 그리고 동기를 얼마나 잘 알고 있느냐에 따라서 감정은 아이들의 교육의 행로에 영향을 미치게 된다. 이를 통해 우리는 두 가지 실천적인 원리를 발견할 수 있다.

· 아이를 교육시킬 때 그의 욕구(필요)와 동기에 대해서 만족을 할 수 있도록 해야 한다.

• 우리가 아이들에게 무슨 일을 하도록 만들 경우 부정적인 감정이 쌓이지 않도록 만들어야 한다.

동기의 부여

앞에서 살펴본 원리를 아주 평범한 집안일에 적용해 보자.

예를 들어서 설거지가 있다. 일반적으로 3~4살의 아이들은 그릇을 씻는 것을 좋아한다. 이맘때의 아이들은 엄마가 하는 모든 행동을 따라한다. 새로운 것을 받아들이려는 노력이 여기에 더해진다. 점차 아이의 능력이 향상되는 것을 보며 엄마는 기뻐한다. 하지만 8~9살이 되면 집안일에 대한 관심이 줄면서 좀 더 복잡한 일을 좋아하게 된다. 예를 들어 컴퓨터, 책읽기, 운동을 좋아하고 또래의 아이들과 대화하고 싶어 한다.

그렇다면 초등학생이 되어서도 계속해서 엄마의 설거지를 돕는 경우가 있는데 그 이유는 무엇일까? 그것에 대한 동기는 '엄마와의 대화'에서 찾아야 할 것이다. 아이가 엄마와의 대화에 대한 동기를 가지고 있고, 엄마를 도와주려는 마음이 있으며, 엄마와 좋은 관계를 갖고 싶어 하기 때문이다. 그렇게 함으로써 자신에 대한 긍정적인 평가_{도움을 주는 사람으로서의 자신에 대한 평가}를 하게 되는 것이다.

어떻게 하면 가능할까? 우선 긍정적인 방식으로 대화를 이끌어야 한다. 엄마가 할 일은 아이가 집안일을 도우면서 불평하지 않는 상황을 만들기 위해 주의를 기울여야 한다. 가장 간단한 방법은 엄마가 "너 왜 또 그랬니?" "한 번도 엄마 말을 안 듣는구나." "몇 번을 이야기해야 알아듣겠니?" 등의 말을 하는 대신 부탁을 하거나 도와준 것에 대해 고맙다고 말을 해주면 된다. 단지 표현을 달리함으로써 아이가 엄마를 돕는 일이 일상적이고 지겹다는 느낌 대신 긍정적인 색깔을 갖도록 해주는 것이다.

이 같은 주제에 대한 열아홉 살 여자아이의 예를 들어보자.

우리 아빠는 군인입니다. 정리 정돈과 원칙보다 중요한 것은 없다고 생각하죠. 저는 청소나 설거지를 잘 하는 편이 아니었지만 아빠와의 관계는 원만한 편이었어요. 그렇게 지내던 어느 날, 아마도 제가 열세 살이 될 무렵이었을 거예요. 아빠가 저를 조용히 부르시더군요. 그리곤 대뜸 "레나, 너 아빠하고 사이가 좋지?"라고 물으셔서 저는 "응"하고 대답했죠. 그러자 이번에는 "그래 그렇구나. 그리고 아빠가 집에서 편하게 쉬었으면 좋지 않겠니?"라고 물으셔서 저는 "물론이지, 아빠."라고 대답했어요. 대답이 끝나자 아빠는 내 등을 어루만지면서 이야기했어요. "네가 그렇게 생각한다면 내가 한 가지만 부

탁을 해도 되겠구나. 아빠는 집에 돌아와서는 편안하게 쉬고 싶구나. 아빠는 집안이 정리정돈 되어 있으면 편안하고 그렇지 못할 때는 좀처럼 쉴 수가 없더구나. 특히 설거지가 잘 되었을 때는 몸도 마음도 너무 편안했어. 우리 레나가 조금만 도와주면 좋겠다. 어때?' 그때부터 저는 거의 매일 설거지를 하고 있어요. 아주 정성껏 말이죠.

물론 실제로는 모든 것이 이렇게 간단히 이루어지지는 않을 것이다.

자유와 자율, 그리고 성장

아이를 교육시키고 기르면서 부모님과 선생님들이 공통적으로 느끼는 가장 큰 고민이 있다. 그것은 아이가 자유와 자율에 대해서 요구했을 때 용납할 것인지 거절할 것인지, 용납한다면 어디까지 용납을 해주어야 할 것인지를 판단하는 일이다.

아이가 스스로 행동할 수 있도록 내버려둔다면, 즉 아이가 하고자 하는 일에 아무런 간섭도 하지 않는다면 아이는 스스로 많은 것을 배우고 경험하게 된다.

유명한 교육자이자 아동심리학자인 마리아 몬테소리는 이미 100년 전부터 이러한 사실을 알고 실천했다. 그녀의 말에 의하면 아이가 발전을 위해 스스로 노력하는 것은 본능이며 '내적인 요구'에 의해서 자연스럽게 발현된다는 것이다. 바로 이 내적인 요구에 대해서 우리는 아주 조심스럽게 접근해야만 한다.

몬테소리가 들려주는 하나의 예를 보자. 이 이야기에서 몬테소리는 자신이 어떻게 아이들에 대한 올바른 이해에 이르게 되었는지에 대한 설명도 곁들이고 있다.

　한번은 물이 가득 담긴 커다란 대야 주위에 아이들이 모여 있었다. 물 위에는 장난감이 몇 개 떠 있었고 아이들은 웃고 떠드느라 정신이 없었다. 그 와중에 혼자서 한쪽에 서 있는 아이가 있었는데 두 살 반 된 남자아이였다. 나는 그 아이를 주의 깊게 관찰했다. 아이의 얼굴에는 뭔가 궁금해서 못 견디겠다는 표정이 역력했다. 즐겁게 노는 아이들의 무리에 끼려고 노력했지만 다른 아이들에 비해서 너무 작았던 아이는 대야 안에 떠 있는 장난감을 볼 수가 없었다. 결국 아이는 다시 한쪽 구석으로 물러났다. 순간 아이의 얼굴 표정이 재미있게 변했다. 그때 손에 사진기가 없는 것이 정말 안타까웠다! 아이의 시선은 의자로 가 있었다. 아이는 아마도 의자를 아이들이 서 있는 곳으로 옮기고 그 위에 서

려고 마음먹은 것 같았다. 아이는 환한 얼굴을 하고 의자가 있는 쪽으로 걸어 갔다. 바로 그때 한 선생님이 아이의 손을 확 낚아챘다 그 선생님은 다정하게 잡았다 고 했다. 그리고 다른 아이들의 머리 위로 아이를 들어 올려 대야 안을 보여주 며 말했다.

"여기, 아가, 여기를 보렴!"

아이는 물 위에 떠 있는 장난감들을 쉽게 볼 수 있었다. 하지만 자신의 힘 으로 장애를 극복하고 대야 안을 보게 되었을 때의 그 기쁨을 맛보지는 못했 다. 대야 안에 무엇이 있는지를 보려고 애쓰는 과정에서 아이는 성장하게 된 다. 그런데 갑자기 나타난 선생님이 아이의 성장을 방해하고 만 것이다. 아이 는 자신이 승리자임을 느끼려고 하는 순간에 두 손을 포개고 안겨야만 했다. 아이의 얼굴에 가득했던 기쁨, 흥분 그리고 희망의 표정이 사라졌다. 그리고 나는 언제든지 누군가의 도움을 기대하는 바보 같은 표정으로 바뀐 아이의 얼굴을 봐야 했다.

몬테소리가 지적한 몇 가지 생각을 정리해 보자.
- 아이에게는 장애물을 스스로 넘어서는 것이 중요하다.
- 이러한 노력은 아이의 정신적인 능력 개성을 향상시킨다.
- 아이는 막 승리자임을 느끼려고 했지만 선생님이 아이를 방해했다.
- 기쁨이 가득했던 아이의 표정이 누군가의 도움을 기다리는 바보 같 은 표정으로 바뀌었다.

이 마지막 문장에서 몬테소리는 아주 중요한 것을 지적했다.

어른들은 왜 이런 행동을 하는 것일까? 거기에는 두 가지 이유가 있다. 하나는 부모의 섣부른 노파심이고 다른 하나는 아이가 필요하다고 느끼게 만들거나 아이에게 강제로 하도록 만들어야만 아이가 배우게 될 것이라는 잘못된 믿음 때문이다.

섣부른 노파심

처음 걸음마를 시작한 아이를 둔 젊은 부부에 대한 이야기이다.

마침내 딸아이가 걸음마를 시작했다. 당연히 엉덩방아를 찧기도 하고 고꾸라지기도 했지만 우리 부부는 그것에 대해서 크게 염려하지 않았다. 넘어지고 구르는 정도가 딸아이에게 아무런 문제가 되지 않는다고 생각했기 때문이다_{2미터의 높이에서 떨어지는 것이 아니지 않은가}. 물론 딸아이도 별로 개의치 않는 것 같았다. 게다가 딸아이는 본능적으로 몸을 구부려 엉덩이로 몸을 보호하며 잘 넘어지고 있었다.

우리는 휴일을 맞아 아이를 데리고 할머니 집에 놀러 갔다 왔다. 그런데 그 후부터 끔찍한 일이 벌어지고 말았다. 딸아이가 몸을 구부리지 않고 그대로 머리가 바닥에 닿도록 넘어지는 거였다. 우리는 왜 그렇게 되었을까 생각해보았다. 원인은 할머니의 손녀에 대한 배려였다. 아이가 걸음마를 시작하면 할머니는 계속해서 아이의 뒤를 쫓아다니면서 아이가 균형을 잃으면 잡아주

기를 반복했다. 아이는 금방 조심성도 없어지고 넘어지면서 자기 보호 본능
을 발휘하지 않게 된 것이다. 모든 것을 다시 시작해야만 했다.

할머니는 손녀를 너무나 사랑한 나머지 아이의 본능적인 힘을 믿지 않
았다. 그 지나친 배려와 사랑이 손녀에게 피해를 주게 되었다. 다행히 부
모는 그것을 재빨리 알아차렸고 바로 고쳤다. 하지만 모든 일이 항상 이
렇게 되지는 않는다.

때때로 부모들의 지나친 '걱정'은 아이
를 숨도 쉬지 못하게 만든다. 그런 상황
의 대부분은 아이에 대한 몰이해에서
시작된다. 언젠가 한 가족을 관찰한 적
이 있었다. 여자 아이, 엄마, 유모 그리고 할
머니가 그 가족의 구성원이었다. 엄마와 할머

니의 원칙은 아이를 잠시라도 혼자 있게 놔두지 않는 것이었다. 아이가 놀고 있으면 아이의 옆에 앉아 있었고 잘 안 되는 일은 즉시 도와주었다. 그리고 이들은 아이를 화나게 해서도 안 된다고 생각했다. 만약 아이가 울면 원하는 것을 줘서 울음을 멈추게 했다. 이 아이는 아주 오랫동안 걸음마를 배워야 했다. 왜냐하면 항상 아이 뒤를 쫓아다니며 붙잡아 주는 어른이 있었기 때문이다. 30개월이 지나고 아이가 마당에서 뛰어놀 때에는 유모가 아이에게 붙어 다녔다. 만약 유모가 아이에게서 조금이라도 떨어져 있으면 엄마가 야단을 치며 잔소리를 했다. 이 아이는 자립심도 없고, 아무것도 할 줄 모르는 모난 성격의 소녀로 자랐다.

아이에 대한 걱정과 배려는 반드시 필요하다. 하지만 얼마나 자주, 그리고 어느 정도인지가 중요하다. 유모나 할머니가 없다면 문제는 달라질 수 있다. 엄마가 지친 동안 아이는 잠시 억압에서 벗어날 수 있기 때문이다. 하지만 위에서 살펴본 것과 같은 경우에는 마치 릴레이 경기를 하듯 24시간 내내 이 사람에게서 다른 사람에게로 걱정이 전달된다. 그리고 아이는 한시도 자유롭지 못한 억압상태에 놓이게 된다.

학교를 가기 전까지의 아이에게 자유로운 시간은 다른 시간에 비해서 그렇게 중요하지도 많지도 않다. 유치원이나 어린이 집에서의 관리가 집에서의 관리와 연결이 되기 때문이다. 하지만 학교를 들어가게 되면 아이는 점차 개인적인 시간에 대해서 꿈을 꾼다. 이럴 경우에 걱정을 지나치게 많이 하는 부모들은 다시 아이의 성장을 방해한다. 이런 부모들은 '아이가 장난치지 말고 공부를 잘하기를' 걱정하고 또 걱정한다. 이러한 걱정이 필요 이상으로 많아지게 된다. 그런 아이에게는 무슨 일이 일어날까?

내적 동기와 외적 동기

부모들은 자신의 아이가 공부나 운동 또는 음악이나 미술에서 재능이 있는지에 대해서 궁금해 한다. 그리고 아이에게서 약간의 재능이라도 발견되면 성공적인 결실을 맺기 위해 모든 노력을 한다. 순종적이고 이해력이 뛰어난 아이의 경우 부모의 기대에 부응하기 위해 최대한의 노력을 기울인다. 이런 과정이 오랫동안 지속될 수는 있다. 하지만 부모들이 원하는 방향으로 일이 이루어지는 경우는 극히 일부에 불과하다.

사실 이런 일은 우리 주변에서 너무 흔하게 목격된다. 내게 가장 인상적으로 남아 있는 것은 음대에 수석 입학한 후로는 한 번도 피아노 연주를 하지 않는다는 여자아이의 이야기였다. 그 아이는 왜 피아노를 거부한 것일까? 음대에 진학하기 위해 매일 몇 시간씩 수년 동안이나 계속해서 쳤던 피아노를 말이다!

그 이유는 생각보다 간단하다. 왜냐하면 이 여자 아이가 피아노를 친 동기가 온전히 '외부'에 있었기 때문이다. 이 여자 아이는 부모의 기대에 부응하기 위해, 부모를 화나게 만들지 않기 위해, 선생님의 관심을 끌기 위해, 그리고 음대에 진학하지 못할까봐 두려워서 피아노를 쳤다. 결과적으로 음대에 합격한 후, 즉 모든 외부 압력이 사라지자 이 아이에게는 피아노를 쳐야할 아무런 의미도 목적도 남아있지 않게 된 것이다.

아이들을 기르고 가르칠 때 우리는 아이들이 '진정으로 원하는 것'이 무엇인지에 대해 관심을 갖고 생각해볼 필요가 있다. 위에서 본 여자 아이의 경우 본인 스스로, 그리고 아이의 부모는 '무엇을 위해서 그 많은 시간동안 노력을 기울인 것일까?' '그렇게 보낸 시간들은 도대체 무슨 의미가 있는 걸까?' 라는 질문을 만나게 된다.

이에 대한 답으로 알버트 아인슈타인의 말을 인용해 보자.

현대의 교육 제도 아래에서 아이들이 공부에 흥미를 잃지 않는다는 것은 기적과도 같은 일이다. …… 부족함과 필요함에 대해 깨닫게 만드는 것이 '찾는 것'과 '아는 것'에 대한 기쁨을 줄 수 있다고 생각하는 것은 아주 심각한 잘못이다. 건강한 육식 동물도 계속해서 똑같은 고기만을 강제적으로 먹이려 한다면 음식물의 섭취를 거부할 것이다. 그들이 원하지 않는 음식을 강제로 먹게 할 경우는 말할 필요도 없다.

당위當爲는 아이들이 자발적으로 학습에 대해 관심을 가질 수 있는 기회를 봉쇄한다. 아이에게서 '찾는 것과 아는 것에 대한 기쁨'을 빼앗기 때문이다. 결과적으로 아이는 자신의 길을 선택하거나 자신에게 중요한 어떤 것을 고를 수 있는 아무런 준비도 할 수 없게 되는 것이다.

내적 동기의 탄생

유명인사가 되거나 사회에서 성공한 사람들의 대부분이 엄격한 교육을 받은 경우가 많다는 것은 이미 잘 알려진 사실이다. 그중 대표적인 것이 바이올리니스트이며 작곡가인 니콜로 파가니니이다. 내 논리에 반대 입장을 가진 사람들은 파가니니의 예를 보면서 내 이론이 잘못되었다고 반박했다. 그런데 정말로 그럴까?

파가니니의 생애를 보면 그의 아버지는 아주 엄격했다고 한다. 아버지는 아들에게 하루 종일 바이올린 연습을 시켰다. 연주가 잘못되었거나 게으름을 피우면 회초리로 손가락을 때렸으며, 심지어 방에 가두기까지 했다. 어린 파가니니가 몰래 도망쳐서 항구의 모래사장에서 놀기라도 한 날이면 아버지의 체벌은 극에 달했다. 파가니니의 회고록에는 다음과 같은 기록이 남아있다.

내 아버지보다 더 무서운 사람을 나는 상상조차 할 수 없었다. 아버지는 내가 연습을 제대로 하지 않는다고 생각되면 음식도 주지 않고 굶겼다. 나는 수 없이 많은 체벌을 받아야 했고 그것은 내 건강에도 적잖은 영향을 끼쳤다.

그럼에도 이 어린 아이는 어떻게 바이올린 연주를 싫어하지 않았을까? 우리는 그 대답 역시 파가니니의 회고록에서 찾을 수 있다. 일곱 살쯤 되었을 때 파가니니는 교회에서 들려오는 오르간 소리에 매혹되었다. 그는 오르간 소리에 완전히 빠져서 다른 모든 것을 잊어버렸다. 바로 이 순간 그는 자기 운명의 키를 손에 쥐었던 것이다. 그 때 이후로 파가니니는 바이올린에 매료되었고 그것은 시간이 지날수록 더욱 깊어만 갔다. 그에게는 이미 음악이 인생의 의미가 되어 있었다.

나는 악기에 심취해 있었다. 무언가 새롭고 완벽한 것을 만들기 위해서, 이전 어느 누구도 시도하지 못했던 손 모양을 만들어서 사람들을 놀라게 할 소리를 만들기 위해서 쉬지 않고 연습을 했다.

이 아이에게는 무슨 일이 있었던 것일까? 아이는 음악에 매료되었고 감동했다. 고양된 감정으로 인해 행복, 환희의 느낌을 가지게 되었다. 그러한 상황은 아이를 독려하고 스스로 무언가를 할 수 있다는 동기와 자신이 원하는 것을 찾는데 집중할 수 있도록 만든다. 결과적으로 아이는 자기 존재의 의미를 깨닫게 된다. 이러한 것을 심리학적 언어로는 '견고한 내적 동기의 탄생'이라고 한다.

특히 이런 내적 동기는 커다란 에너지원으로 작용한다. 이때 만들어진 에너지는 원대한 목표를 달성하기 위한 동력일 뿐만 아니라 혹독한

훈련을 포함한 수많은 어려움을 극복하는 힘의 원천이 된다. 아무리 어려운 훈련도 아이에게 너무나 중요한 관심을 막을 수 없다. 파가니니의 방식으로 표현하면 이렇게 된다. 누군가 손가락을 때릴 수 있다. 하지만 나는 참을 수 있다. 나는 연주를 잘 하고 싶기 때문이다. 세상에서 가장 중요한 것은 바이올린을 연주하는 것이고 사람들을 놀라게 하는 천상의 소리를 만들기 위해서라면 이 정도의 고통이나 어려움은 아무것도 아니다.

'파가니니의 비밀' 은 이렇게 풀 수 있다. 그가 위대한 바이올리니스트가 된 것은 그의 첫 번째 선생님인 아버지가 강요하고 체벌을 했기 때문이 아니다. 오히려 파가니니는 강요당하고 체벌 당했음에도 불구하고 위대한 바이올리니스트가 된 것이다. 음악에 대한 파가니니의 관심과 의지는 그의 생에 많은 영향을 끼친 어떤 가혹한 훈련보다도 더 강했던 것이다. 그런 의미에서 파가니니는 이미 어린 나이에 자신의 재능을 꽃 피울 준비가 되어 있었던 것이다.

이 이야기의 결론을 비유적으로 표현해보자.

> 자유로운 창작의 꽃은 아스팔트의 억압을 뚫을 수 있다.

하지만 아스팔트는 꽃이 피는데 좋은 조건이 아니다. 우리가 분명하게 기억해야 할 한 가지가 있다. 이 조건 속에서는 대부분의 꽃들이 피지도 못하고 생을 마감한다는 것이다.

변화하는 아이들—서머힐의 예

아이들의 자율과 자유를 존중하는 교육을 해야 한다고 이야기하면 부모님들과 선생님들은 어김없이 이렇게 질문을 한다. "아이에게 강요하지도 않고 고쳐주지도 않는다면 도대체 어떻게 교육을 시킬 수 있다는 말인가?" "도대체 그런 교육을 위한 기본원칙은 무엇인가?"

그리고 내가 한 많은 이야기에 대해 조목조목 반대하는 사람들도 많다. 반대의 이유 역시 매우 다양하지만 몇 가지만 살펴보자 "아이는 배우고 습득하고 책임감과 의무감을 키워야 한다. 만약 아이에게 아무것도 강요하지 않는다면 어떻게 이런 많은 것들을 가르칠 수 있는가?" "물론 당신이 이제까지 열거한 교육 과제 자체는 문제가 없다. 그리고 당신이 말한 아이들의 권리에 대한 가장 기본적인 원칙은 어느 나라이건 '어린이 헌장' 으로 보호되고 있다. 하지만 방법론적인 면에 있어서 의구심이 드는 것은 사실이다."

영국의 교육자이며 심리학자인 알렉산더 닐은 아이들의 자율과 자유에 대해 40년에 걸친 독보적인 실험을 했다. 1920년대에 그는 '문제아' 들을 위한 기숙학교를 설립했다. 생활수칙과 학습에 대해 엄격한 규칙을 적용하는 일반 학교와는 달리 자율과 자유의 원칙에 따라 학교를 운영했다. 가장 특징적인 것은 아이들이 수업 참여가 필수가 아니라 선택이라는 것이다. 아이들은 자기가 원하는 과목을 골라서 수업에 들어가면 되

고 만일 원하지 않는다면 수업에 빠져도 누구도 상관하지 않았다. 결과는 어떻게 되었을까?

알렉산더 닐은 그 결과를 『서머힐─자유로운 교육』이라는 책에다 남겼다.

서머힐에 새로 들어온 학생들은 이 규칙을 알고 난 후 너무나 기뻐했다. 자신들은 이제 더 이상 그 바보 같은 수업을 듣지 않겠다고 말했다. 새로 온 아이들은 계속 놀기만 했다. 자전거를 타기도 하고, 공을 차기도 했지만 때때로 다른 아이들이 공부하는 것을 방해하기도 했다. 수업은 정말로 하나도 듣지 않았다. 실제로 아이들은 몇 개월 동안 그런 생활을 지속했다.

아이들의 거부 반응은 이전 학교에서 어떤 식으로 공부를 했느냐에 따라서 그 정도가 다르게 나타났고 '치료'를 하는데 걸린 시간도 천차만별이었

다. 내가 기억하기로 가장 오랫동안 수업을 듣지 않은 기록은 신학교神學校에서 공부를 했던 한 여자 아이가 세웠다. 이 여자 아이는 삼 년 동안 아무 일도 하지 않았다. 일반적으로 아이들이 수업을 듣기까지 걸리는 시간은 세 달 정도였다.

고학년들의 경우 대부분은 자신들이 이제껏 배우지 못한 것들을 서머힐에서 빠르게 습득해 나갔다. 그리고 이렇게 자유로운 상태를 경험한 아이들에게는 놀라운 일이 일어났다.이 결과에 대해서는 Chapter 04에서 구체적으로 살펴볼 것이다. 분명한 것은 알렉산더 닐이 성취한 결과는 기적에 가까웠고 심리학적 발견은 훌륭한 것이라는 사실이다.

지금까지 우리는 아이들의 생활, 내부의 경험, 행동 발달에 대한 이해 등을 일반적인 심리학의 메커니즘 속에서 이야기 했다. 이제 아이들과 함께 살고 있는 어른들의 행동에 대해 알아보도록 하자.

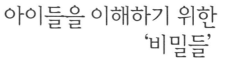

chapter 04

아이들을 이해하기 위한 '비밀들'

어른들이 성장하는 아이들을 위해 할 수 있는 것은 무엇이 있을까? 어른들은 무엇 때문에 아이들의 교육과 성장에 관심과 노력을 기울이는 것일까?

우리는 이미 아이들의 행동 연구와 심리학적 지식을 동원해서 이 문제에 대한 몇 가지 간단한 대답을 들었다. 이 장에서는 훌륭한 심리학자, 교육자 그리고 부모들의 예를 통해 그들은 현실 속에서 어떻게 이 문제를 해결했는지 구체적이고 자세하게 알아보겠다. 이들은 각기 다른 장소, 다른 시간, 다른 위치에 서 있었지만 그들이 우리에게 전달하고자 하는 내용은 한결같다. 아이가 자신이 가진 능력을 훌륭하게 발휘하는 데에는 아이들에 대한 어른들의 올바른 이해가 결정적인 역할을 한다는 것과 아이들의 자유로운 생각과 자율적인 생활을 보장하기 위해서는 때때로 전통적인 교육방법을 거부하는 용기를 발휘해야 한다는 것이다.

이들이 전하는 경험은 실제로 아이들의 문제 때문에 고민하는 부모님들과 선생님들께 문제를 해결할 수 있는 실마리가 될 것이다.

삶을 억압하지 마라 : 마리아 몬테소리

불행하게도 우리는 아이들의 직접적이고 자발적이며 자신을 적극적으로 표현하려고 하는 행동을 억압했을 때 어떤 결과가 발생할지 정확하게 알지 못하고 있다. 어쩌면 우리는 아이들의 삶 자체를 억압하고 있는지도 모른다.

마리아 몬테소리의 이 말은 그녀의 교육이념을 실천하고자 하는 사람들의 좌우명이 되었다. 몬테소리는 자신이 설립한 학교에서 아이들이 원하는 일을 할 때 방해 받지 않도록 교사_{몬테소리는 선생님들을 'tutor'라고 하였다.}들에게 특별한 것들을 요구했다. 교사들이 몬테소리의 요구를 받아들이는 것은 쉽지 않았다. 그리고 그 요구를 이해하지 못한 교사들은 어김없이 "그렇다면 우리는 여기에 왜 필요한 건가요?"라고 물었다. 몬테소리는 그런 질문을 들을 때마다 단 한 가지를 요구했다. '아이들을 관찰하라.'는 것이었다. 그리고 몬테소리 자신은 아이들이 관심을 가질만한 수많은 교육방식과 과제들을 준비했다.

몬테소리가 준비한 아이들을 위한 과제 중의 하나를 보자.

지름이 서로 다른 열 개의 구멍을 원형으로 뚫어 놓은 나무판과 크기가 서로 다른 원통형 나무토막 열 개가 있다. 이 열 개의 원통형 나무토막은 각각

열 개의 구멍에 맞게 만들어졌다. 처음에는 교사들이 아이들 앞에서 열 개의 원통형 나무토막을 모두 나무판의 구멍에 넣는 것을 보여준다. 그리고 원통형 나무토막을 모두 꺼낸 다음 아이들에게 다시 나무토막을 구멍 안에 넣게 하는 것이다.

2~4살의 아이들은 이 놀이에 금방 빠져든다. 아이들은 이 놀이를 통해 재미있게 노는 동시에 눈짐작, 정확한 손동작, 주의력, 자신의 잘못에 대한 수정 등 많은 훈련을 할 수 있다. 그 중에서 가장 중요한 것은 최종 목적을 달성하기 위해 여러 가지 경우의 수를 생각하고 정답을 찾아가는 '논리력' 훈련이다.

예를 들어 구멍에 원통형 나무토막이 들어가지 않는다면 다른 구멍을 찾아야만 한다. 나무토막이 들어가는 더 큰 구멍을 찾아야 하는 것이다.

하지만 더 이상 나무토막이 들어갈 구멍이 없다면 그것은 이미 커다란 구멍 속에 작은 나무토막을 넣었기 때문이라는 것을 알게 된다. 이런 식으로 아이들은 자신의 잘못을 수정한다. 아이들은 몇 시간이 지나는 동안 점차 구멍에 꼭 맞는 원형 나무토막이 무엇인지 찾을 수 있게 된다.

이 놀이를 열여섯 번이나 반복하고 있는 네 살짜리 아이 한 명을 관찰하던 중 나는 일부러 다른 아이들에게 노래를 부르라고 시켜 보았다. 아이의 관심을 돌려보려는 것이었다. 하지만 이 네 살짜리 꼬마는 노랫소리가 들려도 꼼짝 하지 않고 자리에 앉아 있었다. 꼼짝 않고 앉아서 나무토막에 맞는 구멍을 열심히 찾고 있을 뿐이었다.

이때 아이들 옆에 있는 어른들은 무엇을 해야 할까? 몬테소리는 가장 평범하게 '아이들의 삶과 영혼을 지도해주는 것'이라고 대답한다. 단지 한 가지 주의할 것이 있는데 아이의 개별적인 행동을 지도해서는 안 된다는 말을 덧붙여서 말이다.

조금만 더 자세히 살펴보자. 우선 우리는 아이에게 자유를 주어야 한다. 아이가 당장 하고 싶은 일을 할 수 있도록 만들어 주어야 한다는 것이다. 다음으로는 주위를 풍요롭게 만들어 주어야 한다. 몬테소리는 '환경'이 아이에게 스스로 행동할 수 있는 힘을 준다고 생각했다. 그래서 아이의 성장 속도에 맞추어서 가능하면 다양한 환경을 만들어 주려고 애썼다. 우리 역시 아이의 주위를 놀이와 장난감, 그리고 다양한 과제 등으로 채워주면 된다. 아이들은 어떻게 하는 것인지 보여주기만 해도 혼자서 충분히 놀이를 즐길 수 있기 때문이다. 원통 나무 조각의 구멍을 찾는 놀이에서 본 것처럼 우리는 단지 주어진 것으로 무엇을 할 수 있는가를 보여주기만 하면 된다. 나머지는 모두 아이가 스스로 하는 것을 지켜보기만 하면 된다. 이때 어른들의 참견은 아주 조심스럽게 방법적인 측면을 생각하면서 이루어져야 한다.

실제로 아이에게 스스로 성장할 수 있도록 자유를 주어야 한다는 원칙 하나만 제대로 잘 지켜도 아이의 성장과 발전은 눈으로 확인할 수 있을 만큼 놀라운 결과를 가져올 뿐만 아니라 아이는 스스로 원칙을 만들고 지켜나가게 된다.

이제 왜 이런 일이 벌어지는지 관계의 메커니즘에 대해서 생각해 보자.

아이 스스로 어떤 것을 선택했다는 것은 아이가 그것에 관심을 나타낸 것이다. 이것은 다양한 측면에서 아이에게 도움이 된다. 대부분의 경우 아이는 자신이 선택한 일에 대해 좋은 결과를 얻기 위해 더 많은 노력을 기울인다. 아이는 끈기를 가지고, 놀라운 집중력을 발휘하면서 고집스럽게 그 일을 해나간다. 이때 나타나는 노력, 집중력, 고집은 아이가 관심을 가지고 있기 때문에 나타나는 자연스러운 현상이다. 그리고 그 일을 진행하는 동안 아이에게는 '내부의 원칙'이 생겨나게 된다. 여기에서 말하는 원칙은 필요한 행동을 실행하는 능력이자 목표를 달성하기 위해 행동을 조직화하는 능력이다.

그러므로 과제에 대한 집중과 성공에 대한 아이의 욕심은 원칙적이어야 한다. 원칙이 없다면 아이는 무엇을 할지, 어떻게 해야 할지 모르기 때문이다. 최악의 경우에는 자신이 하는 일을 스스로 방해하게 될 수도 있다. 몬테소리는 이러한 아이들의 '행동 원칙'에 반대되는 것, 즉 선생님의 의지에 따라서 단순하게 복종하는 것을 '소극적인 원칙'이라고 이야기한다.

이런 것들과 함께 몬테소리의 학교에는 무조건적인 원칙이 한 가지 있다. 그것은 어떤 경우에도 다른 아이의 행동에 방해가 되는 행동을 엄격하게 금하는 것이다. 이것들이 모여서 결과적으로 몬테소리의 학교에서는 또 하나의 '기적'이라고 할 수 있는 '자유로우면서 평화롭고 선한, 서로가 서로에 대해서 걱정을 하는 아주 특별한 관계'가 만들어졌다.

아이의 입장이 되어라 : 알렉산더 닐

알렉산더 닐이 설립한 학교인 서머힐에는 여섯 살에서 열여섯 살까지의 아이들이 함께 생활했다. 그들의 대부분은 '골치 아픈 아이' 또는 '문제아'로 분류되는 아이들이었다. 닐의 주장에 의하면 골치 아픈 아이는 불행한 아이이다. 이런 불행한 아이들이 행복한 아이들로 돌아올 수 있도록 최선의 노력을 기울이는 것이 서머힐의 가장 중요한 과제였다. Chapter 03에서도 이미 이야기를 했듯이 서머힐에서는 원하지 않으면 수업에 들어가지 않아도 아무런 문제가 되지 않았다. 아이들은 원 없이 놀았고, 하고 싶은 일을 하고 싶을 때 했다. 아이들이 수업에 들어가기까지는 어느 정도의 시간, 몇 주일, 몇 달, 때로는 몇 년(!)이 필요했다. 하지만 서머힐의 아이들은 수업이 있고, 수업에 들어가야 하기 때문에 수업에 들어가지 않았다. 이 아이들이 수업에 들어가는 이유는 배워야겠다는 마음이 생겼기 때문이었다. 아이들은 수업, 즉 공부를 비롯한 다른 모든 행동에서도 그렇게 자유롭게 생활했다. 그러자 아주 재미있는 현상이 나타났다.

나는 구속과 억압에 대한 결과를 세 명의 학생들에게서 보았다. 모두 일반 학교의 고학년 과정을 다녔거나 신학교에서 공부했던 학생들이었다. 이 아이들은 거짓말을 생활화하고 있었으며 사람들을 대할 때는 지나치게 공손한 행동을 했다. 나는 이 아이들이 자유를 손에 넣었을 때의 행동을 미리 예견할 수 있었다. 처음 2주 동안 아이들은 깍듯했다. 깨끗하게 씻고 다녔으며 문 앞에서 선생님과 부딪히면 문을 잡아주기도 하고, 나를 만났을 때는 항상 공손하게 '선생님'이라고 호칭을 붙였다. 아이들은 나를 '존경의 눈빛'으로 쳐다보았지만, 그 눈빛에는 두려움이 가득했다. 이곳에서 자유롭게 처음 2주의 시간을 보낸 아이들은 곧 자기들의 숨겨진 모습을 드러내기 시작했다. 씻지도 않고 거칠어졌다. 그 동안의 공손함은 전혀 찾아볼 수 없었다. 이들은 이전에 다닌 학교에서 금지했던 모든 행동들을 하기 시작했다. 음담패설과 욕설을 해댔고 담배를 피웠으며 학교의 기물들을 마구 부수기도 했다. 하지만 그 아이들의 행동과 달리 눈빛과 목소리에는 여전히 공손함이 남아 있었다.

그들이 위선과 결별을 하는데 반년이라는 시간이 필요했다. 이 기간 동안 아이들은 '권력'을 가지고 있는 사람들에게만 존경심을 나타내면서 생활을 했다. 그렇게 6개월이 지난 후, 아이들은 진정하게 건강한 아이들로 새롭게 태어났다. 아무에게나 화를 내거나 욕을 하지 않았으며 자신들의 생각을 말하기 시작했다.

이 결과는 사람들을 놀라게 했다. 많은 질문들이 나왔다. 무엇보다도 아이들은 왜 '자유로운 시간'을 거친 후에야 공부를 시작하는 것일까? 왜 '가식적인 공손함'의 기간이 지나고 난 후에는 거칠고 반항적인 행동을 하는 기간을 거치는 것일까? 그리고 왜 이 반항적인 기간을 거친 다음에야 비로소 건강한 아이가 되는 것일까? 왜 아이들에게 꼭 자유를 주어야만 할까? 자유라는 것은 어떤 의미일까? 그리고 그곳에 어떤 심리학적

메커니즘이 숨어있는 것은 아닐까?

알렉산더 닐은 이 모든 질문에 대해서 답하고 있다. 우선 그가 생각하는 중요한 근본이유가 무엇인지 알아보자.

우리는 아이들에게 자유를 주어서 스스로 행동할 수 있는 학교를 세웠다……. 우리에게 필요한 것은 오직 아이들에 대한 믿음뿐이었다. 아이의

본성은 악이 아니라 선이라는 것이다. '아이들의 천성은 선하다'는 믿음은 나를 한 번도 배신한 적이 없었다. 뿐만 아니라 40년이 지난 지금 나는 더욱 확신을 가지게 되었다.

아이들은 천성적으로 착하다는 것이 닐의 생각이다. 다른 책에서도 그는 아이들이 현명하고, 공정하며, 착하다고 이야기하고 있다. 그렇다면 아이들의 거짓말과 도둑질 그리고 행패는 어떻게 설명할 수 있을까?

닐은 강요와 체벌 때문이라고 대답한다. 아이에게 굳이 싫다는 것을 강요하거나 잘못에 대해 체벌을 함으로써 부모혹은 선생님는 아이에게 폭력을 행사하게 된다. 모든 폭력은 필연적으로 증오를 동반하게 된다. 벌을 주는 부모도 벌을 받는 아이도 똑같이 이런 나쁜 감정을 쌓아가게 된다. 치욕, 분노 그리고 증오가 쌓이면 아이는 부모와 사회 그리고 자기 자신의 목소리에 귀를 기울이지 않는다. 아이의 반항적인 행동을 통해 어른들의 폭력에 맞서고 결국 '비뚤어질 테야.'라는 자포자기의 심정이 되는 것이다. 많은 아이들이 이런 과정을 거쳐 '불행한 아이'로 성장한다. 그리고 부모와 아이는 다음과 같은 악순환의 덫에 빠지게 된다.

- 어른들은 아이들을 올바른 행동으로 이끌기 위해서 간섭과 강요비판, 억압, 체벌를 한다.
- 이런 어른들의 행동은 아이들에게 부정적인 감정을 불러일으키고 저항하게 만든다.
- 어른들은 더욱 화를 내며 간섭과 강요의 강도를 높인다.

- 아이들의 마음 속에는 치욕과 증오의 감정이 자라는데 그 기반에는 항상 느껴지는 것은 아니지만 모든 것에 대한 분노가 자리잡게 된다. 공부를 등한시 하며, 어른들의 말이라면 무조건 저항하기 시작한다. 결국 어른들의 가치 평가를 비난하며 반항적인 행동을 하게 된다.
- '교육자'의 강요와 체벌에 대해 아이들은 더욱 강하게 저항하고 반항한다. 이런 행동이 되풀이 되면서 주위 사람들 모두가 지치게 된다.

결론적으로 아이는 더욱 더 말을 듣지 않고 부모님과 선생님이 더 이상 손 쓸 수 없는 상황이 된다. 어떻게 하면 이 악순환의 고리를 끊을 수 있을까? 닐은 '정확한 해결책'을 찾았다. 그것은 '교육'적인 억압으로 인해서 생긴 아이의 상처를 어루만져주고 부정적인 감정을 지울 수 있도록 돕는 것이다. 한마디로 말해서 아이의 천성이 선하다는 믿음과 무조건적인 포용만이 이 악순환의 고리를 끊게 해준다.

닐은 40년 이상 이 문제에 대해 연구했으며 모든 성과를 책으로 남겼다. 닐의 행동 프로그램에는 어떤 장점이 있는 것일까? 그가 발견해낸 몇 가지 성과를 구체적인 예를 통해 살펴보자.

닐은 일반적인 학교, 그리고 대학교를 포함하는 다른 교육기관을 돌아보는 동안 모든 문제가 발생하는 원인이 부자유와 억압에 있다는 것을 알게 되었다. 닐은 이런 상황을 극복하기 위한 '첫 발걸음'의 의미를 매우 중요시했다. 닐의 경우 그 첫 발걸음은 바로 아이가 수업에 참여해야 한다는 의무에서 자유로워지는 것이었다.

그렇게 첫 발걸음을 시작한 뒤에도 문제는 꼬리를 물고 있었다. 다음으로 해결해야 하는 문제는 부모님을 설득하는 일이었다. 부모님들 역시 아이들이 겪고 있는 부자유 속에서 자랐다. 그럼에도 그것이 가진 수많은 단점을 간과한 채 어린 자녀들에게 바로 그 교육방식을 강요했다. 더욱 심각한 문제는 부모님들 스스로 자신의 아이들에게 필요한 것을 잘 알고 있다는 착각 속에서 아이들의 미래를 '만들어나가는 작업'을 한다는 것이었다.

닐은 부모님들을 설득했다. 부모님들의 일반적인 생각과 달리 자유롭고 자율적인 아이가 그렇지 못한 아이들보다 더 많이 놀지만 자신이 어떻게 해야 하는지를 더 잘 알고 있는 경우가 많다는 닐의 말에 완전하게 동의하는 부모님들은 그리 많지 않았다. 그러면 닐이 "저는 왜 아이들과 새끼 고양이들이 노는지 알고 있습니다. 그것은 에너지와 관련된 문제라고 할 수 있죠."라며 이야기를 이어간다. 그리고 자신이 평소에 하고 있는 모든 생각을 솔직하게 이야기했다. 닐은 언제나 똑같은 결론에 도달했다. 아이들이 많이 움직이는 이유가 충만한 성장 에너지 때문이며, 이 성장 에너지는 출구가 필요하다는 것이 닐이 자신의 생각을 정리하고 이야기할 때마다 도달하는 목적지였다. 한 마디로 닐은 아이의 '본능'을 믿는 것보다 더 좋은 방법을 알지 못한다고 항상 이야기했다.^{나 역시 이 생각에 전적으로 동의한다.} 닐의 학교에서 놀이를 가장 중요하게 생각하는 이유 역시 거기에 있다. 공부는 그 자체의 중요성만을 따지면 무엇보다도 중요하겠지만 아이들의 입장을 고려해서 본다면 그것은 언제나 두 번째(!)에 위치해야 하는 것이다. 아이들이 놀지 못한다는 것은 아이 개인의 심리학적인 문제이기도 하지만 사회 전체의 문제를 만들 수도 있기 때문이다. 이 문제에 대해 닐은 두 개의 실천적인 결론을 제시했다.

- 강요를 그만두고 아이들이 놀 수 있는 자유를 줘라.
- 아이들에게 필요한 것은 심정적인 후원뿐이다.

가장 중요한 문제는 아이 스스로가 자기 자신을 사랑하도록 만드는 것이다. 이 간단한 사실을 이해하기 위해 나는 몇 년의 세월을 보내야만 했다. 외부로부터 주어진 자신에 대한 증오심을 없애는 것보다 더 중요한 일이 어디에 있겠는가!

닐은 아이에게 도움이 되는 일이라면 도저히 '건전한 사고'에서 나왔다고 할 수 없는 기상천외한 방법을 사용하는 것도 주저하지 않았다.

어느 날 열네 살짜리 남자 아이로부터 면담신청이 들어왔다. 그 아이는 엄격한 규칙으로 유명한 사립학교에서 서머힐로 전학을 온 아이였다. 아이는 전에 다니던 학교에서 선생님의 사물함을 열어 그 속의 물건을 훔친 일 때문에 퇴학을 당했다.

교장실로 들어선 아이는 평범했다. 하지만 악수를 하기 위해 내민 손의 가운데 손가락이 니코틴으로 노랗게 물들어 있었다. 나는 호주머니에서 담배를 꺼내 피우라고 말했다.

"왜 이러세요. 전 담배를 피우지 않아요." 아이는 너무 당황한 나머지 오히려 화를 내었다.

"괜찮아, 받아서 편하게 피워. 담배가 거짓말보다 해롭지는 않을 테니까."

나는 웃으면서 말했고, 아이는 담배를 받았다. 아마도 아이는 많은 내적 갈등을 거친 끝에 담배를 받아 들였을 것이다. 그리고 그 순간 아이의 얼굴 표정이 바뀌는 모습은 정말로(!) 인상적이었다.

"내가 듣기로 넌 아주 약삭빠른 건달이라고 하던데. 혹시 역무원의 눈을 속이고 티켓 없이 기차를 타려면 어떻게 하는지 아느냐?"

"선생님, 저는 한 번도 누구를 속이려고 한 적이 없습니다."

"이런, 그런 것도 못해봤단 말이야? 한 번 해봐. 내가 방법을 전수해 주마."

그리고 나는 아이에게 몇 가지 방법을 이야기해주었다.

입이 딱 벌어진 아이의 표정이 가관이었다. 아이는 자신이 지금 있는 곳이 정말로 학교가 맞는 것인지 주위를 살피며 이것저것 생각하는 것 같았다. '교장이라는 사람이 학생에게 속임수를 가르쳐주다니 이게 무슨 일이야!' 서머힐을 졸업하고 몇 년이 지난 뒤에 찾아온 그 아이는 이 날의 대화가 자기 생을 통틀어서 가장 충격적이었으며 그 충격이 자기의 삶을 바꿨다고 했다.

무엇이 아이를 놀라게 했을까? 아이는 지금까지 이러한 어른을 한 번도 본 적이 없기 때문이다. 게다가 학생들에게 법과 질서를 가르쳐야 하는 책임이 있는 교장선생님이 오히려 학생에게 속임수를 가르치다니! 머릿속이 혼란스러워진다. 어른들에 대항하는 가장 큰 무기였던 속임수와 도둑질이 이 순간 아무것도 아닌 것이 되어 버렸다. 이 이상한 교장이 자기를 이해하고 받아들인다는 것일까? 아이는 어렴풋하게나마 이 사람이 자신에게 해로운 것을 바라지 않는다는 것을 느낀다.

닐은 이런 충격적인 '접근 방식'을 여러 번 사용을 했고 또 그때마다 성공했다.

나는 옆집의 닭을 훔치러 가거나 사물함 안의 동전들을 훔치는 것을 도와주면서 '어린 도둑들'에게 관심을 얻기 시작했다.

'전과'가 있는또는 자기 스스로를 믿지 못하는 아이들과 친해지기 위해 필요한 것은 단순한 '인터뷰'가 아니라 특별한 대화였다. '나는 너를 이해하며 지금 네 모습 그대로를 받아들인다. 나는 네가 그렇게 행동하는 이유가 많을 것이라는 것을 알고 있다. 그럼에도 우리는 함께 생활할 수 있다.'는 것을 보여주어야 한다. 이와 비슷한 일화 하나를 더 보자.

몇 년 전에 아주 교묘하게 도둑질을 잘하는 '프로 사기꾼' 같은 소년 한 명이 있었다. 그가 우리 학교로 온 지 일주일 뒤에 리버풀에서 전화가 왔다.

"저는 X영국에서는 아주 유명한 인물라고 합니다. 그 학교에 다니는 아서가 제

조카입니다. 그 애가 며칠간 리버풀에 오고 싶다고 제게 편지를 썼습니다. 허락해 주실 수 있으십니까?"

"그건 제가 허락하고 말고의 문제가 아닌 것 같습니다. 아이의 부모님들께 직접 연락하시는 것이 좋지 않을까요?"

다음 날 아서의 엄마가 전화를 했다. 아이 큰아버지의 전화를 받았으며 학교에서 별다른 문제가 없다면 자기와 남편은 아서가 리버풀에 가는 것에 대해서 반대하지 않는다고 했다. 그리고 리버풀까지 가는 교통비 28실링을 먼저 줘서 보내면 나중에 아서를 통해 돌려주겠다는 부탁까지 했다. 나는 전화를 끊고 나는 아서를 불러서 28실링을 주었다.

시간이 얼마 지나지 않아서 나는 아서에게 속았다는 사실을 알게 되었다. 교장실로 걸려온 두 통의 전화, 아서 큰아버지와 어머니의 전화가 사실은 학교 안에 있는 공중전화 부스에서 아서가 전화한 것이었다. 아서는 성대모사를 아주 잘 했는데, 내가 잘 모르는 나이든 큰아버지의 목소리나 어머니의 목소리를 흉내 내는 것은 아서에게 아주 쉬운 일이었다. 어쨌거나 소년은 나를 속였고, 나는 속았다.

나는 이 상황에 대해서 아내와 오랫동안 대화를 했다. 아이에게 가서 이제 내가 속았다는 것을 알았으니 돈을 돌려달라고 말하는 것은 뭔가 석연치 않다는 생각이 들었다. 왜냐하면 아이는 이러한 상황을 이미 여러 번 겪었을 것이고, 어른들의 이런 대응 역시 익숙할 것이기 때문이다. 아내는 아이에게 상을 주는 것이 어떠냐고 말했다. 선생님을 속인 아이에게 상을 주자니 머릿속이 환해지는 것 같았다. 나는 늦은 밤임에도 아서의 침대로 갔다.

"넌 오늘 아주 운이 좋았다." 내가 웃으면서 말했다.

"그럼요!" 아서는 의기양양했다.

"아니, 너는 네가 생각하는 것보다 더 운이 좋아."

"무슨 말이죠?"

"방금 네 어머니께서 전화를 하셨단다. 어머니가 여기서 리버풀까지 가는 교통비를 잘못 알고 있었다면서 아무래도 네가 10실링이 더 필요할 것 같다고 하시더라."

나는 간단하게 설명을 마치고 무뚝뚝하게 10실링짜리 지폐를 아서가 누워 있는 침대에 던져주었다. 그리고 급히 방에서 나와 버렸다.

다음날 아침 아서는 '존경하는 닐 선생님. 선생님은 저보다 더 훌륭하신 배우이십니다.'로 시작하는 편지 한 통을 남기고 리버풀로 향했다. 그리고 몇 주가 지난 후 아서는 내게 와서 그때 왜 10실링을 더 주었는지 물었다. 대답 대신 나는 아서에게 물었다. "내가 네게 그 돈을 주었을 때 너는 어떤 기분이

들었냐?" 아서는 잠시 생각에 잠기더니 천천히 대답했다.

"그러니까 그 일은 제겐 아주 충격적이었어요. 저는 어쩌면 선생님은 제 편이 되어줄 수 있지 않을까 하는 생각을 했어요. 나를 이해하는 첫 번째 사람 말입니다."

닐은 이 이야기를 "나는 사랑이 포용하는 것이라는 사실을 이해하고 나서야 비로소 아이와 소통할 수 있었다."라고 마무리 짓고 있다. 이 이야기에서 가장 인상적인 것은 아이가 스스로 자신의 잘못을 밝히고 있다는 점이다. 아이의 나쁜 행동에 대해 닐은 '이상한' 행동으로 응수했다. 결과적으로 닐의 이 '이상한' 행동은 아이가 가졌던 어른들의 세계에 대한 증오심과 적대감을 '칼로 도려내듯이' 없애주었다. 동시에 아이에게 자신을 이해하고 포용할 수 있는 어른이 있다는 믿음을 가지게 해주었다.

알렉산더 닐은 자유와 방임을 정확하게 나눈 후에 결단력 있는 접근 방법을 실행했다. 두 개념은 '문제아'들과 관련해서 아주 중요한 차이점을 가지고 있다. 닐은 보이지 않는 두 개념 사이의 '경계'를 정확히 찾아서 어떻게 그 자리에서 아이에게 접근할 수 있는지를 보여주고 있다.

하지만 안타깝게도 이 방법은 일률적으로 적용할 수 없다. 아이가 처한 상황과 환경에 따라 그 경계가 너무도 다르게 나타나기 때문이다. 그리고 짧은 시간의 방임이 모든 것을 바꿀 수 있다는 성급한 생각은 다른 잘못으로 이어지기 쉽다. 중요한 것은 어느 한 순간에 자유를 얻은 아이가 행하는 일련의 행동들을 인내심을 가지고 지켜보아야 하며 이해하려고 노력해야 한다는 것이다. 또한 시간이 지나면서 아이가 점차적으로

'정상 궤도'에 오르게 된다는 것을 확신해야 한다는 것이다.

또 하나 기억해야 할 것이 있다. '행동의 자유'라는 것이 아이에게 모든 행동을 허용하라는 것은 아니라는 사실이다. 즉, 절대로 허용되지 않는 행동도 반드시 있어야 한다. 예를 들어서 서머힐에서는 불장난, 공기총 사용, 칼 싸움 ^{싸움을 해야 할 경우 칼은 천으로 싸여진 나무칼이어야 한다.} 등이 엄격하게 금지되어 있었다. 금지의 규칙을 정할 때 우리는 다음 사항을 유의해야 한다.

• 아이들은 금지 조항이 많지 않을 때에만 그것을 지키려고 노력한다.

금지 조항이 있으면 벌칙 조항도 있다. 닐이 제시한 벌칙에 대한 단 하나의 원칙은 신체적인 고통을 가하는 체벌을 피하는 것이었다. 서머힐에서는 아이들이 벌금을 냈다. 수용한 규칙을 위반했을 때 처벌의 수위는 아이들이 개최하는 총회에서 다수결의 원칙에 의해서 결정되었다. 이때 교장 선생님인 닐의 영향력은 여섯 살 먹은 아이들과 마찬가지로 한 표였다.

총회에 제출되는 안건은 다양했다. 다른 사람에게 상처를 입히는 행동, 다른 사람의 재산에 피해를 주는 행동과 개인의 권리와 이익에 반하는 행동 등이 서머힐에서 금지된 것들이었다 ^{구체적으로는 다른 사람이 공부하거나 자는 것을 방해하지 않는다, 다른 사람의 물건을 말없이 건드리지 않는다, 다른 사람의 악기를 망가뜨리지 않는다, 만약 램프나 창문을 깨뜨리면 용돈으로 배상한다 등.} 피해를 당한 사람은 회의 시간에 자신이 입은 손해에 대해서 말할 수 있는 기회를 갖는다. 하지만 여기에도 원칙이 있는데 이러한 발의가 '나–메시지'의 형식을 가져야 한다는 것이다. 즉, 피해를 당한 사람은 자신의 손해에 대해서 이야기를 한다. 단, 피해를 입힌 아이에게 화를 내서는 안 된다는 것이다.

일반적으로 잘못한 아이는 회의 결과에 대해 승복했다. 하지만 벌칙이 지나치다고 느끼면 재심을 요구할 수 있고, 다시 한 번 특별한 관심을 가지고 그 아이의 잘못에 대해 살펴보는 기회를 가졌다. 그렇게 내려진 두 번째 회의 결과에 대해서는 대부분의 아이들이 수긍을 했다.

이렇게 벌칙을 내리는 과정은 닐이 발견한 또 하나의 훌륭한 심리학적 원리다. 벌칙을 주는 주체가 권력을 가진 높은 사람들의 일방적인 결정이 아니라 아이들이 생각하기에 공정하고 충분히 신뢰할 수 있는 '아이들 사회'였다는 것이다. 총회나 어린이 재판에서 아이들은 '예벌칙 대상 아이의 행동에 공감한다.'와 '아니오공감하지 않는다.'를 결정했다.

'예'의 의미는 벌을 받아야 하는 아이의 행동에 대한 이해와 노력을 의미한다. 벌칙 대상자인 아이의 행동에 대해 벌을 줘야 한다는 정당성이 제대로 나오지 않았다면 벌의 강도는 약해진다. 그리고 이것은 아이에게 심리적인 안정감과 안도감을 가져다 준다. 누차 강조한 것처럼 닐은 분노와 증오가 '나쁜 아이'를 만드는 가장 기본적인 원인이라고 생각했다. 이런 심리적인 안정감과 안도감은 아이들이 자신의 내부에 분노와 증오를 쌓아 올리는 것을 미연에 방지하고 약화시키는 효과를 가져왔다.

그렇다면 총회나 어린이 재판 같은 것이 없는 가정에서는 어떻게 해야 할까? 가장 좋은 방식은 가정에서 자신들이 가지고 있는 주요한 특성을 고수하는 것이다. 그것은 방금 이야기한 것과 마찬가지이다. 만약 벌칙을 줘야만 한다면 그 벌칙은 가족 전체가 동의하고 수용한 규칙에 따른 것이어야 한다. 부모의 순간적인 '고약한 감정'이나 가족 간의 권력인 위계질서에 기인한 것은 아니어야 한다.

아이 교육의 일반적인 방법에 대해서는 닐이 부모님들에게 이야기한 것을 보면 쉽게 알 수 있을 것이다. 그것은 다음과 같다.

- 권위를 없애십시오.
- 아이가 스스로 할 수 있도록 기회를 주십시오.
- 아이에게 계속적으로 강요하지 마십시오.
- 아이를 가르치려고 하지 마십시오.
- 아이에게 잔소리를 하지 마십시오.
- 아이를 너무 많이 칭찬하지 마십시오.
- 한 번도 하지 않은 것을 하도록 강요하지 마십시오.

닐은 여기에 한 마디를 덧붙였다, "어쩌면 위의 내용이 당신에게 맞지 않을지도 모릅니다. 그렇다면 더 좋은 방법을 찾을 수 있도록 노력해야만 합니다." 라고.

대답 없는 질문 : 알렉산드르 즈본킨

부모님들은 굳이 교육학을 전공하지 않아도 아이들의 성장을 관찰하고 그 성장에 참여할 수 있다.

얼마 전에 수학자인 알렉산드르 즈본킨의 『아이와 수학』이라는 책이

출간되었다. 이 책은 즈본킨이 몇 년 동안 '수학 공부방'을 운영한 경험을 바탕으로 만든 책이다. 즈본킨은 아직 학교에 들어갈 나이가 되지 않은 자신의 아이와 동네의 몇몇 아이들에게 수학을 가르쳤다. 수업을 진행하면서 아이들 또래에 나타나는 가능성과 놀라운 발전 과정을 직접 살펴보게 되면서 아이들을 이해하고 느낄 수 있게 되었다. 수업을 하는 동안 그는 수학자인 동시에 아주 섬세하고 정확한 관찰자의 역할을 훌륭하게 수행한 심리학자였다.

이 책을 읽는 동안 우리는 작가의 열정에 흠뻑 빠져들게 될 것이다. 그리고 즈본킨이 생각해낸 문제와 대화들은 아이의 '풍요로운 환경'을 걱정하는 모든 사람들에게 아이디어를 제공하는 보물상자의 역할을 할 것이다. 내용 중의 한 부분을 보자.

25개월 된 제냐즈본킨의 딸는 책상 위에 딘즈 블록을 펼쳐놓았다. 딘즈 블록은 다양한 크기와 색깔의 원, 사각형, 삼각형으로 구성되어 있는데 가운데 구멍이 뚫려있는 것과 그렇지 않은 것이 있다. 제냐는 '짝 맞추기' 놀이를 하자고 했다. 나는 그렇게 하자고 말하고는 제냐의 나이를 고려해서 상자에 크고 작은 몇 개의 원과 삼각형, 그리고 사각형 모형을 올려놓았다. 한 쪽에는 구멍이 뚫리지 않은 모형 4개를 놓고, 다른 쪽에는 구멍이 뚫린 모형 4개를 놓았다.

제냐는 문제를 풀기 시작했다. 처음에는 자기 마음 내키는 대로 짝을 맞추려고 했다. 커다란 사각형 모형을 작은 삼각형 구멍에 억지로 넣으려 한다든지 아니면 작은 원이 들어가야 할 자리에 큰 원을 집어넣기 위해 애를 쓰기도

했다. 제냐는 이런 과정들을 거치면서 모형 하나하나를 제자리에 넣기 시작했다. 모형을 제대로 맞추면 나는 제냐를 응원하는 의미에서 "와우!"하고 소리를 질러주었다. 이를 테면 이런 식이었다. 제냐가 커다란 사각형을 위한 구멍에 작은 원을 넣을 때제냐는 짝을 제대로 찾았다고 생각을 하였다. 모형이 구멍 속으로 들어가지 않는가에는 나는 아무 소리도 내지 않았다. 그리고 짝을 제대로 찾았을 때에는 "와우!"하고 소리를 질러주었다. 제냐는 차츰차츰 나의 행동을 통해 짝을 제대로 찾았을 때와 찾지 못했을 때를 구별하게 되었다.

　한참 놀이에 열중하던 제냐가 내게 짝 맞추기 놀이는 모형을 잠재우는 것이라고 설명해 주었다. 이렇게 우리는 한 시간 동안 이 놀이를 세 번 반복했다. 한 시간이 지나자 제냐는 제각각인 모형들의 모양과 크기를 어느 정도 구별할 수 있게 되었다. 하지만 각각의 모형을 제자리에 맞게 끼우는 작업을 한 번에 해내지는 못했다. 이쯤 되자 제냐는 짝 맞추기 작업을 좀 특별한 방법으로 진행했다. 먼저 제냐는 커다란 원을 들어서 모든 구멍에 순서대로 맞추어 보았다. 그리고 맞는 구멍을 발견하게 되면 그곳에 집어넣었다. 이런 방식으로 제냐는 많은 모형 중에서 가장 큰 모형들을 골랐다. 그리고 그 모형들의 자리를 찾아서 집어넣기 시작했다. 다섯 개의 원이 자리를 차지할 때까지는 잘 진행되었다. 하지만 여섯 번째 원이 들어갈 구멍을 찾을 수가 없었다 처음 다섯 개의 원 중에서 네 개는 제자리에 들어갔지만 나머지 한 개는 제자리가 아닌 곳에 들어가 있었던 것이다.

이 순간 아주 흥미로운 장면이 연출되었다. 제냐는 먼저 자리를 차지한 원 중에서 비어있는 구멍에도 들어갈 수 있는 원이 있다는 사실을 발견했다. 그래서 먼저 넣었던 원을 꺼내고 그 자리에 마지막까지 자리를 찾지 못했던 원을 제자리에 집어넣었다. 구멍에 들어가 있는 원을 모두 꺼내는 일은 제냐가 혼자 하기에는 좀 힘들어 보였다. 제냐는 내게 부탁을 했다.

"아빠, 이것들 좀 꺼내줘……."

그리고 나머지를 차례로 넣었다 아이는 원이 구멍에 들어간다는 것을 이미 확인했다. 그러니까 다시 그것을 넣는다 해도 잘 들어갈 것이다. 제냐는 여러 가지를 시도한 끝에 찾아낸 자신의 방식에 만족스러워하면서 놀이를 계속했다. 제냐는 내게 짝 맞추기 놀이를 하자고 말했고 우리는 한 시간 이상 앉아서 놀았다. 그리고 그 한 시간이 지난 뒤에 제냐는 내 도움이 없이 혼자서 놀기 시작했다.

덧붙이자면 2005년 여름, 현재 제냐는 25살이다. 내 책상 위에 있는 딘즈 블록을 보더니 제냐가 "지금도 딘즈 블록을 생각만 해도 마음이 설레고 기분이 좋아져요"라고 말했다.

여기에서 '놀이'는 두 사람 모두를 기쁘게 했다. 물론 누구보다도 기뻐한 것은 제냐다. '여섯 번째 원이 구멍에 들어가지 않았다. 하지만 그 원은 앞에 넣은 원과 같은 것이므로 어딘가에 제자리가 있다. 즉, 그것을 맨 처음에 넣게 되면 다른 것들도 모두 제자리에 넣을 수 있다. 왜냐하면 나머지 원들은 제자리를 확인했기 때문이다.' 집중력과 열정만으로 두 살짜리 아이가 자신만의 논리를 감동적으로 발견했다. 여기에는 아빠도 참여했다. "와우!"하고 소리를 질러서 아이를 응원해 주거나 아이가 요청을 하면 모형을 꺼내줬다. 나머지는 함께 느끼면서 바라보기만 했다. 아이를 방해하지 않고서 말이다. "선생님은 아이들이 어떤 일을 할 때 끼어들어야 하는 순간과 방법을 잘 알고 있어야만 한다. 그것은 '위대한 기술'이다."라고 말한 마리아 몬테소리가 생각난다.

이번에는 나이가 3~4살인 세 명의 남자 아이들이 딘즈 블록을 가지고 놀고 있다. 박스 종이로 만든 직사각형, 정사각형 그리고 불규칙한 사각형 모형이 바닥에 펼쳐져 있다. 두 살짜리 제냐와는 다른 주제로 놀이를 하는데 즈본킨이 이번에는 아이들의 대화에 계속해서 끼어들고 있다.

우리는 바닥에 펼쳐진 도형들에 대해서 좀 더 자세하게 이야기했다.

"자, 바닥에 펼쳐진 모든 도형들은 네 개의 각을 가지고 있어. 그렇지? 그래서 이 도형들을 모두 사각형이라고 한단다. 알겠냐?"

아이들이 고개를 끄덕였다.

"그래서 우리는 지금 세 개의 사각형을 가지고 있어. 그렇지? 그런데 두 개의 사각형은 다른 하나의 사각형과 달라. 잘 봐, 이 두 개의 사각형은 네 개의 각이 모두 직각이잖아. 그래서 이 사각형 두 개는 직사각형이라고 한단다. 또 있어. 이 두 개의 직사각형 중 하나는 특이하게도 모든 변의 길이가 같아. 그래서 이 직사각형은 정사각형이라고 하지. 알겠냐? 그래서 정사각형에는 세

개의 다른 이름이 있단다. 그것은 정사각형, 직사각형 그리고 사각형이야."

내가 말해준 정보에 대해서 아이들은 아무런 의문이나 반대 의견을 표시하지 않았다. 아이들은 내 말을 이해하기 위해 이것저것 열심히 궁리를 하는 것 같았다. 하지만 내가 말해준 사각형의 특성은 아이들이 '전체는 그 부분보다 크다.' 라는 법칙을 이해하는데 도움을 주지 못했다.

10분 전에 아이들은 아빠와 할아버지가 남자인지 물어보았다. 그리고 또 남자가 사람이냐고 물어보았다. 나는 그렇다고 대답해 주었다. 하지만 이맘때의 아이들은 절대로 정사각형을 직사각형이라고 부르지 않는다. 이것 아니면 저것이기 때문이다. 나는 직사각형 안에 정사각형이 포함된다는 것을 열심히 설명해 주었다. 점차적으로 내 교육이 성과를 거두는 것 같았고 우리는 한 번 더 결론을 지었다.

"우리는 몇 개의 정사각형을 가지고 있지?"

"하나요!"

"그럼 직사각형은?"

"두 개요!"

"그럼 사각형은?"

"세 개요!"

모든 게 잘된 것 같았다. 그리고 나는 마지막 질문을 했다.

"그렇다면 세상에는 사각형이 많을까, 정사각형이 많을까?"

"정사각형이요!" 아이들의 대답은 한 치의 의심도 없었다.

"왜냐하면 정사각형은 쉽게 자를 수 있잖아요." 지마가 말했다.

"왜냐하면 집에도 지붕에도 그리고 굴뚝에도 있거든요." 이번에는 바냐가
말했다.

이야기의 끝은 일 년 반이 지난 뒤에 이루어졌다. 어떠한 준비도, 어떠한
외부적인 요인도 없었다. 여름에 숲 속을 산책하고 있을 때였다. 갑자기 지마
가 내게 말했다.

"아빠, 아빠가 우리한테 '정사각형이 많냐? 아니면 사각형이 많냐?' 하고
물은 적 있잖아요? 지금 생각해 보니 그때 우리는 잘못 대답했던 것 같아요.
실제로는 사각형이 더 많더라고요."

지마는 계속해서 왜 그런지를 내게 설명해 주었다. 그때 이후로 나는 '답
보다 중요한 것은 질문이다.'라고 굳게 믿게 되었다.

이 책의 작가와 함께 우리는 놀라지 않을 수 없다. 얼마나 오랫동안 그

리고 얼마나 깊게 질문에 대한 아이의 사고 과정이 감추어진 상태에서 진행될 수 있는가를 보여주었다. 이때 아이는 침착한 상태로 남아 있었고, 올바른 대답을 찾아내기 위한 노력을 겉으로는 전혀 보이지 않았다. 작가는 '아이가 어릴 때 교육을 해야 한다고 생각하는 열성파들'에 대해서 반대의 입장을 보였다. 나는 그의 의견에 동참하고 싶다. 왜냐하면 이 열성파들은 때때로 다음 계단으로 올라오게 아이의 목덜미를 끌고 가는 짓을 하고 있기 때문이다.

스본킨의 책에서 더 많은 예를 들고 싶다. 이들 모두는 아이를 내용이 풍부한 과제에 관심을 갖게 만드는 것이며 그와 동시에 아이가 현재 위치하고 있는 '계단'에 아주 조심스럽게 접근하는 것이다.

4~5살 여자아이들이 탁자 위에 옆으로 쭉 늘어놓은 접시들을 세고 있다 이것은 왕자와 공주가 궁전에서 식사를 한다는 이야기의 일부이다.

한 아이가 접시를 세었다. 열한 개의 접시였다. 제냐가 다음에 접시를 세었다. 처음에는 숫자를 세면서 접시 하나하나를 손가락으로 가리켰다. 하지만 나중에는 자기 맘대로 세었다. 결과적으로 접시의 수가 열네 개라고 했다.

다음에 사냐가 세었다. 사냐도 열한 개의 접시를 세었다. 나는 제냐에게 말했다.

"제냐, 두 명은 접시를 셌는데 열한 개였어. 너도 열한 개의 접시가 나오게 세어 봐!"

제냐는 소리를 내어서 세기 시작했다. 하지만 다시 열네 개가 나왔다. 할 수 없이 그냥 넘어가기로 했다.

　나는 마지막의 아빠의 말을 지적하고 싶다. '할 수 없이 그냥 넘어가기로 했다.' 이 말 속에는 현명함이 표현되기 때문이다. 즉, 아이가 현재 가지고 있는 것을 받아들이게 하고 혼자서 앞으로 나아갈 수 있는 능력이 있다는 것을 믿게 만드는 것이다.

파인만의 아버지 : 특별한 관계

　어떻게 어른(일반적으로 부모)이 아이의 창의력 계발을 위해서 성공적으로 참여를 했는가를 보여주는 사례가 있다.

　노벨상을 받은 유명한 미국의 물리학자인 리처드 파인만의 어렸을 때 이야기이다. 파인만은 유명한 학자일 뿐만 아니라 전 세계의 수많은 아이들이 읽었거나 읽고 있는 『파인만 강의』를 통한 권위 있는 교육자이기

1장 내 아이를 어떻게 이해할 것인가

도 하다. 파인만은 연구를 하면서 다른 사람을 가르치기도 하는 자신의 능력을 아버지로부터 배웠다고 고백하고 있다. 파인만의 아버지는 작업복을 파는 아주 평범한 상인 이었다. 하지만 그는 명석한 두뇌와 섬세한 직관력을 가지고 있었다. 그는 아들과 자주 산책을 하였으며 서두르지 않고 천천히 아들과 대화를 했다. 파이만이 쓴 내용 중 하나를 예로 들어보자.

"저기 저 새가 보이냐? 잘 봐! 새는 자기 깃털을 계속해서 부리로 휘젓고 있다. 왜 새는 저런 행동을 하는 것일까? 네 생각을 말해줄래?"

아빠가 물었다.

"아마도 날아가는 동안 깃털이 더러워져서 닦아내는 것 같아요." 내가 말했다.

"그래? 하지만 네 말이 맞는다면 새들은 막 날아왔을 때 깃털을 부리로 휘저어야 해. 그리고 땅 위에 앉아서 어느 정도의 시간이 지나게 되면 새들은 깃털을 부리로 휘젓지 않겠지. 내 말이 무슨 뜻인지 알겠냐?"

"예."

"자, 그럼 우리 한번 보자. 새들이 땅 위에 앉게 되면 잠시 동안만 깃털을 휘젓고 가만히 있는지 말이야."

아빠가 말했다.

우리는 새들을 관찰하기 시작했다. 오랫동안 땅 위에서 거닐던 새들과 막 하늘에서 내려온 새들은 거의 똑같이 깃털을 부리로 휘저었다. 별 차이가 없었다. 그래서 난 이야기를 했다.

"제가 틀렸네요. 왜 새들은 자기 깃털을 부리로 휘젓는 것이죠?"

위에 든 것은 아버지와 어린 파인만이 나누었던 수많은 대화중의 하나에 불과하다. 이들의 대화 속에는 공룡의 크기에 대한 이야기도 있었다나는 그렇게 커다란 동물이 살았다가 한꺼번에 죽었으며 왜 죽었는지 아무도 모른다는 것을 알고는 흥분을 하였고 관심이 폭발했다. 그리고 왜 기차가 앞으로 나아갈 때에 공이 기차 뒷면에서 굴러다닐까에 대한 이유를 찾기도 했으며, 나뭇잎에 남아있는 파리 유충의 흔적을 살펴보기도 했다. 둘의 대화 속에는 새로운 것을 알게 되는 기쁨뿐만이 아니라 함께 한다는데 큰 의미가 있다. 다른 아이들도 데리고 산책을 가주기를 부탁했을 때 파인만의 아버지는 '우리 둘은 특별한 관계가 있기 때문에 안 됩니다.' 라고 이야기를 했다고 한다. 여기서 '특별한 관계' 란 무엇을 의미할까? 물론 이것은 무엇보다도 아버지와 아들의 개인적인 관계를 나타낸다. 아마 파인만의 친구들과 함께 있었다면 그 관계는 불가능했을 것이다. 그리고 파인만의 아버지는 파인만의 머릿속에서 일어나는 모든 것어떻게 관찰하고, 생각하고, 대답을 찾는지에 대해서 관심을 가지고 살펴보았다. 동시에 파인만의 아버지는 자신의 능력으로 주위에 대해 늘 탐구하는 연구가의 모습을 가지고 있었다.

"나는 다른 많은 아버지들과 대화를 하기 전까지 내 아버지가 얼마나 훌륭한 분이셨는지 알지 못했다." 라고 파인만은 쓰고 있다.

파인만의 아버지는 '특별한 대화 환경' 을 만드는데 성공을 했다고 말할 수 있다. 이 특별한 대화 환경은 아이에 대한 섬세한 이해와 아이 스스로의 생각에 대한 존중 그리고 둘만의 훌륭한 시간을 만드는 것이다.

나는 어린 아이였을 때부터 무언가 놀라운 것을 받아들이면 그것을 계속해서 다시 찾고자 하는 사람이 되었다. 나는 지금도 아이처럼 항상 무언가 새로운 것, 놀라운 기적을 찾고 있다. 그리고 나는 그것을 찾아낼 것을 알고 있다.

이 말에서 파인만은 아버지에게서 받은 '선물'에 대해서 이야기를 하고 있다. 그것은 기적에 대한 열망이다. 이 기적은 마치 새들의 깃털처럼, 굴러다니는 공처럼, 나뭇잎에 있는 흔적처럼 아주 평범한 것들에 의해서 감추어져 있다. 이러한 자연의 기적을 보고 소리치지 않을 아이가 있겠는가!

어머니들 : 아이를 비추는 빛

아이는 부모와 선생님이 전달해 주는 예술의 아름다움이나 정신문화를 마음의 문을 열고 활짝 받아들인다. 이사도라 던컨의 회고록의 일부를 살펴보자.

나의 어머니 덕에 내 어린 시절의 삶은 시와 음악으로 가득했다. 저녁때마다 어머니는 피아노 앞에 앉아서 주위의 모든 것을 잊고 몇 시간이고 연주를 했다.

경제적인 어려움에 대한 걱정이 없었지만 어머니는 우리에게 집, 가구 그리고 모든 세간의 소유에 대한 훌륭한 멸시와 경멸을 가르쳤다. 어머니를 본받아서 나는 평생 동안 몸에 귀금속을 하지 않았다. 어머니는 이러한 물건들이 모두 발목을 잡는 고삐가 될 것이라고 했다.

　내 생각에 학교에서 받는 일반 교육은 전혀 내게 필요 없는 것이었다고 생각한다. 내가 받은 진정한 교육은 매일 저녁때 어머니가 연주하던 베토벤, 슈만, 슈베르트, 모차르트, 쇼팽과 읽어주었던 셰익스피어, 키츠 또는 번즈였다. 이 시간 우리는 이들 작가들의 매력에 푹 빠져 있었다.

　마리나 쯔베타예바의 말에 의하면 그녀의 어머니도 자신의 아이들에게 나중에 서정시의 아름다움으로 변한 아름다운 음악으로 항상 감싸주었다고 한다.

　마지막으로 찰리 채플린의 자서전에서 한 부분을 인용해보자.

　오클리 거리에 있는 지하 방에서의 하룻밤을 나는 기억하고 있다. 나는 감기에 걸린 후 침대에 누워서 건강을 회복하고 있었다. 밖은 이미 어두워지고 있었다. 어머니는 창 쪽으로 등을 향하고 예수가 얼마나 가난한 사람과 아이들을 사랑했으며 가여워했는지에 대해서 독특한 몸짓과 손짓을 하면서 내게 신약성서를 읽어주고 있었다. 어머니는 책을 읽어 내려가면서 눈에서 눈물을 흘리기 시작했다……

　오클리 거리에 있는 이 어둡고 작은 지하 방에서 어머니께서는 문학 작품과 연극 무대에서 가장 위대하며 많이 다루고 있는 주제인 사랑과 자비 그리고 박애를 내 영혼에 불어넣어 주셨다.

이것은 더 높은 인류의 가치를 받아들이고 또 그것과 소통을 할 준비를 때때로 아이들이 어른들보다도 훨씬 많이 하고 있다는 것을 증명한다.

이렇듯 아이들이 이상적인 가치를 받아들이고 자기화 하는 방법에 대해서 간단하고 정확하게 표현하는 것은 불가능하다.

가족 환경 : 플로렌스키의 가족

문화와 도덕성의 '빛' 을 아이가 부모님의 '얼굴' 에서 보게 된다면 커다란 행운일 것이다!

유명한 러시아의 철학자인 파벨 플로렌스키는 회고록에서 어린 시절 19세기 말을 함께 보낸 자신의 가족에 대해서 다음과 같이 쓰고 있다.

우리 집에는 항상 따뜻함과 온정이 넘쳤으며 무엇보다도 중요한 것은 항상 정리가 잘되어 있었으며 청결했다는 것이다. 모든 것이 자기 자리에 있었다. 어떠한 비속어도 어떠한 모욕도 어떠한 이기주의도 용납되지 않았다. 아버지는 주위의 모든 사람들을 항상 친절하고 상냥하게 대했으며 그 영향 하에서 우리 모두는 항상 서로를 이해하려고 노력했다. 주위의 사람들은 아버지와 우리 가족에 대해서 존경과 경외심을 가졌다.

플로렌스키는 이 책에서 가족환경이 그의 의식을 어떻게 만들어주었는지 말하고 있다.

내 의식 속에는 가족생활의 영위는 멋있는 것이었다. 그 외에 다른 의미에 대해서 나는 생각할 수 없었다. 어릴 때부터 이러한 멋짐에 익숙해졌기에 나는 평생 가족생활을 다른 것과 비교할 수 없는 가장 소중한 것으로 생각했다. 사람들과의 관계는 상냥하고 다정한 것이 당연한 것이고 일 관계는 솔직하고 속임수 없는 것이 당연한 것이었다. 사람들은 모두 훌륭한 교육을 받았기 때문에 훌륭한 사람이라는 것 외에는 생각할 수 없었다. 거짓이라는 것은, 아니 진실의 반대라는 것에 대해서는 생각할 수도 없었다.

어린 아이의 의식에서 가족의 긍정적인 측면의 가치에 대한 느낌이 강했을 뿐만 아니라 넘어서는 안 되는 금지와 경계에 대한 확실한 의식도 컸음을 우리는 알 수 있다. 어린 플로렌스키가 어렸을 때 말을 제대로 안 들어서 벌을 받았던 부분을 한번 보자.

법이 나를 지배하고 있다는 이해를 나는 아주 어렸을 때에 했다. 못된 장난을 하면 그 결과로 벌을 받는다는 것을 나는 아주 어렸을 때부터 알았기 때문이다. 어른들이 그렇게 하기를 원했기 때문이 아니라 모든 것은 그러한 특성을 가지고 있기 때문이라고 나는 생각했다.

한번은 내가 무언가 아주 큰 잘못을 했기 때문에 벽을 보고 서 있어야만 했다. 얼마의 시간이 지난 뒤 나는 내가 왜 서있는지도 잊어버린 채 다시 작은 잘못을 저지르고 말았다. 하지만 나는 벌의 법칙을 기억해내고는 아직 무슨 일이 있었는지 알지 못하는 어른들에게 물었다. "어디에 설까요?" 그리고 나중에야 어른들은 무슨 일인지 알게 되었다. 그리고 그 이후로 내 사촌 형인 다티코는 "어디에 설까요?"라고 하면서 나를 놀렸다. 하지만 나는 기분 나빠하지 않았다. 나는 내 행동이 왜 웃긴 것인지 전혀 이해할 수 없었다. 그때에 나는 그렇게 행동했어야만 했기 때문이다.

위의 내용은 두 가지 사실에서 우리를 놀라게 만든다. 첫째는 아이가 '법'이 자신을 지배한다는 느낌을 갖는다는 것이다. 그것은 금지의 절대성 또는 경계를 넘어섰을 때 벌을 하지 않는다는 것이 불가능한 것이 부모의 의지가 아니라 '물건의 특성'으로 보고 있다는 것이다. 이것은 일반적인 입장에서 그리고 심리학적인 입장에서 보았을 때 아이에 의한 공평함의 표준을 설정하는 것이다. "허락하지 않거나 벌을 받기 때문에 하지 않는 것이 아니라 '물건의 특성'이 그렇기 때문에 하지 않는다"는 것이다. 두 번째는 플로렌스키 부모는 이것을 플로렌스키가 아주 어렸을 때부터 플로렌스키의 머릿속에 주입할 수 있었다. 일반적으로 이러한 개인적인 사고 구성은 아주 늦게 일어나게 된다. 이것은 단순히 교육방법에 의한 결과가 아니라 아이가 크고 자란 독특한 가정환경이 있기 때문에 가능한 것이다.

사랑하는 선생님

세상의 모든 아이들은 선생님을 아이들을 이해해주고 삶에 있어서 복잡한 문제를 해결해주는 현명한 어른이라고 생각한다. 그러한 현명한 어른은 초등학교 선생이거나 교육이라는 것을 좁은 시야로 바라보지 않는 어른들이 될 수 있다.

학교에서는 한 가지 일과 사실이 계속 반복된다. 만약 아이들이 선생님을 좋아하면 그 과목은 좋아하는 과목이 되고 아이들도 성적이 좋아진다. 왜 그런 것일까? 실험과 경험의 결과 이러한 경우에 선생님은 반에 긍정적인 감정을 불러일으키게 되고 이 긍정적인 감정은 배우는 과목에도 영향을 주어서 아이들이 그 과목에도 관심을 갖게 된다는 것이다. 적절한 표현이 있다. 그것은 '유능한 선생님은 아이들을 학문의 세계로 초대한다.' 이다. 여기서 '초대한다' 라고 하는 말의 의미를 잘 생각해보도록 하자. 무엇보다도 유능한 선생님은 아이들과 함께 생각하고 대화할 능력이 있는 사람을 말한다. 함께 생각하고 대화한다는 것은 함께 생각하고 놀라며 성취한 것에 대해서 함께 기뻐한다는 것을 의미한다. 이러한 선생님은 학생들의 기본 성격에 영향을 미친다.

내 대학 시절이 생각난다. 우리를 가르치셨던 인류학 교수님께서는 유명한 야콥 로긴스키 교수님이셨다. 교수님께서는 자신의 학문을 너무나 사랑하셨으며 우리 학생들은 교수님과 교수님의 강의에 빠져 있었다. 교수님께서 무엇을 말씀하시든 모든 이야기는 마치 마술에 걸린 말 같았다. 교수님의 눈은 반짝거렸으며, 교수님의 부드러운 목소리는 감동스럽게 들렸으며, 어떠한 작은 결과에 대한 교수님의 떨림과 기쁨 모두를 우리는 느낄 수 있었다. 우리는 이 과목을 너무나 좋아했다. 그리고 거의 모든 학생들이 'A+'를 받았다. 수십 년이 지난 지금도 우리 졸업생들은 만나면 사랑하는 선생님에 대한 기억을 떠올렸으며 우리 선조인 피테칸드로프스와 네안데르탈인에 대한 역사를 떠올렸다.

아이들의 교육과 관계가 있는 다른 예를 한번 들어보자. 얼마 전에 모스크바에는 음악선생인 미하일 크라베츠가 살고 있었다. 그는 '음악에 재능이 없는' 학생을 데리고 수업하는 것을 좋아했다. 그리고 이러한 학생들을 그는 가장 훌륭한 음악학교에 입학시키는데 성공을 했다. '능력을 만들어 내는 과정'을 그는 좋아했다. 재능이 없는 학생은 그에게 존재하지 않았다.

크라베츠가 한 학생을 데리고 수업하는 것을 지켜볼 수 있는 행운이 있었다.

수업은 항상 감정적으로 고양된 상태에서 시작되었다. 아이와 선생 모두 활기차게 여러 가지 이야기를 주고받았다. 둘은 함께 노래를 불렀으며 노래에 맞는 그림을 고르기도 했다. 아이는 손북을 치고 선생님의 반주에 맞추어 율동을 했다. 큰소리를 내어서 이야기를 만들었다. 그 소리에는 곰과 새가 살

았고 오선지 위에는 참새들이 앉았다. 이러한 모든 것이 음악에 관한 재미있는 문제와 답들로 이루어졌다. 웃음이 터져 나왔고 기쁨이 넘쳐났다.

수업은 유명한 노래인 '조국은 듣는다⋯⋯' 로 끝났는데 이 음악은 갑자기 오디오에서 흘러나왔다. 그 밑에서 아이는 빨간 색으로 커다랗게 쓴 5가 있는 엽서5는 만점을 의미한다. 옮긴이를 발견한다. 그것은 오디오가 아이에게 선물한 것이다. 물론 아이는 다음 수업을 손꼽아 기다리게 된다.

우리는 위와 같은 유형의 선생님의 이러한 행동을 아이와 어른의 정서적 생활에 관한 레프 비고트스키의 '근접 발달 지역의 법칙' 에서 볼 수 있다. 어떤 것에 대한 흥미, 중요도, 의미 그리고 이 과정에의 참여는 맨 처음 선생님또는 부모님과 함께 시작된다. 그리고 서서히 학생에게 주체가 이동이 된다.

한발을 더 움직여서 우리 스스로에게 물어보자. 어떤 어른이 이러한 선생님이 될 수 있을까? 대답은 매우 뜻밖이면서도 평범하다. 자기 자신 속에 있는 '아이가 가지고 있는 생동감 있는 에너지' 를 보존하고 그것을 공식적인 교육, 엄한 교육 현장, 생존경쟁 사회에서 지켜나가고 유지할 수 었는 사람이 그러한 선생님이 될 수 있다.

유명한 수학자인 안드레이 콜모고로브의 '재능의 이론' 이 기억난다. 그는 재능 있고 창의력이 있는 사람의 마음속은 항상 어린아이로 남아 있으며, 이 마음속의 어린아이가 어리면 어릴수록 더 유능한 학자가 된다고 했다. 그는 자신의 마음속의 아이의 나이를 열세 살이라고 했으며 이때의 아이는 세상의 모든 것에 관심을 갖지만 어른들의 관심에는 별로 신경을 쓰지 않는다고 했다.

사족을 달자면 안드레이 콜모고로브에 대해서 많은 사람들이 학문에 생명력을 불어넣어준 평범하지 않은 사람이라고 기억하고 있다.

중요한 '비밀들'

우리는 앞에서 '성공한' 자녀들을 둔 부모와 선생님 또는 교육자의 경험을 살펴보았다. 그들이 성공을 한 중요한 '비밀들'을 한 번 정리해보자.

1. 아이의 천성에 대해 관심을 가져라

아이의 천성을 의식적이든 본능적이든 이해하려고 노력하고, 천성이 성장과 발전을 할 수 있는 무한한 가능성을 보호해주어야 한다.

그러기 위해서는 무엇보다도 M. 몬테소리의 '방해하지 마라!' '아이에게 자유를 주어라' '아이 스스로 성장하는 것을 침착하게 관찰하라' '자연스러움을 보호하라' '아이에게 과제를 강요하지 말아라' 라고 하는 말을 기억해야 한다. 이것들은 K. 로저스와 A. 닐 등 많은 사람들도 함께 이야기하는 것이다. R. 파인만의 아버지는 어떠한 이론도 가지고 있지 않았지만 아이가 스스로 질문에 대한 대답을 찾도록 놔두었다. 마찬가지로 A. 즈본킨은 아이들의 실수를 '보면서도' 아이들 스스로 아이들에게 맞는 속도로 답을 찾을 수 있도록 해주었다. 이 모든 예들은 많은 부모와 교육자들의 현명한 행동들의 일부이다.

2. '풍부한 환경'을 만들어 주어라

아이의 성장에 있어서 어른들이 '풍부한 환경'을 어떻게 잘 만들어 주었는지에 대한 평가는 매우 어렵다. 넓은 의미에서 환경은 인류 문화 전체를 의미하기도 한다.

아이의 인생에 영향을 미치는 환경은 '영리한' 장난감들과 발달된 게임들에서부터 집안 분위기까지 아이 주변의 모든 것을 의미한다. 아이들이 무슨 일을 하고 있으며, 무슨 놀이를 하고 있는가? 집에 책이 있는가? 집안에서 음악 소리는 나는가, 어떤 음악 소리가 나는가? 텔레비전 프로그램보다도 더 관심을 끄는 집안 일이 있는가? 무엇에 대해서 주로 이야기를 하는가? 자연의 아름다움이나 예술 작품에 대하여 자신의 느낌을 어른들이 이야기를 해주는가? 아이에게 선과 악, 고결함, 공정함, 양심 그리고 훌륭함의 의미에 대해서 설명을 해주는가? 등 그것을 일일이 나열하는 것은 불가능하다.

이미 앞에서 이 분야에 관해서 많은 것을 이야기했다. 전 세계의 많은 아이들의 성장 발달에 영향을 주었고 100년이 된 지금도 영향을 주고 있는 몬테소리가 만든 게임과 재료들, 아이들과 함께 한 아버지 A. 즈본킨의 수많은 문제들과 수수께끼, 파인만의 아버지가 들려주는 '매혹적인' 주제 등이 훌륭한 예가 될 것이다.

3. 특별한 상호관계를 만들어라

현명한 부모와 교육자들은 아이들과의 대화에 있어서 훌륭한 환경을 조성할 줄 안다. 이 환경은 바램, 믿음, 지원 그리고 흥미를 주는 것을 의미한다.

현명한 교육자는 아이를 자유롭게 놔둔다. 이렇게 방해하지 않는 것은 '너는 혼자 할 수 있다'라는 것에 대한 믿음과 지원을 의미한다. 또 다른 경우의 현명한 교육자는 아이들과 함께 토론하고 문제를 푼다. 함께 어떤 일을 할 때에 아이의 지적 능력의 발달을 위한 가장 중요한 원칙은 '근접 발달 지역 이론'이다. 레프 비고트스키는 어떠한 일을 어른이 함께 할 때에 어른이 느끼는 열정과 흥미 그리고 감정몰입은 어린아이의 성격의 발달에 영향을 준다고 했다. 부모 또는 선생님과 함께 고민하고 생각한 순간은 아이에게 빛을 주고 감정을 고양시킨다. 우리가 앞에서 살펴본 이사도라 던컨의 어머니와 마리나 쯔베타예바의 어머니가 음악을 자신의 아이들에게 들려주었다는 것을 기억하자. 그리고 어린 채플린의 영혼에 빛을 준 그의 어머니를 기억하자. 그리고 마지막으로 플로렌스키의 의식에 훌륭한 영혼을 만든 '질서, 청렴 그리고 솔직함'을 기억하자.

이러한 부모들의 아이는 이미 '교육의 대상'이 아니고 어른의 생활에 있어서의 감정과 영혼을 함께 하는 '참여자'라는 것을 기억하자. 부모는 아이에게 영감을 주는 모범이다.

결론을 내보자. 아이의 발달, 아이의 개성의 성장, 아이의 문화적 풍부함의 성장을 올바로 잡아주는 성공적인 부모는 어떻게 행동을 하는가? 그러한 부모들은 대부분 아래에 열거하고 있는 행동들을 한다.

- 아이가 스스로 하는 것을 방해하지 않도록 조심 한다.
- 아이가 하는 일에 관심을 갖는다.
- 생각할 수 있도록 만들어 주고 질문을 한다.
- 필요한 일에 아이를 끌어들이고 열중하게 한다.
- 아이의 천성이 선하다는 것을 믿는다.
- 열정을 나누어주고 영감을 불어 넣는다.
- 모범이 된다.

어른들이 노력을 하게 되면 다음과 같은 문장의 형태로 만들어지는 말을 아이에게서 듣게 된다.

- "내가 혼자서 할 거야!"
- "이거 배우고 싶어!"
- "아주 재미있어!"
- "내가 이걸 할 수 있다니 너무 좋아!"
- "나는 좋은 아이야."
- "나를 사랑해주는 것이 내겐 중요해."
- "엄마가 옆에 있어주는 것이 중요해."
- "저 사람들처럼 되고 싶어!"

위에서 이야기한 것들을 그림의 형태로 한번 만들어보자

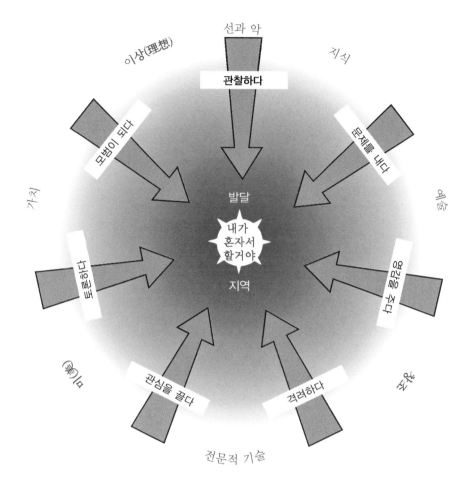

발달 지역에서의 아이와 어른의 '만남'

중앙에서 나오는 빛 '내가 혼자서 할 거야'는 어른과 세상 전체와 만나게 되는 아이의 내부적인 활동성을 표현한다. 발달 지역으로 향하는 화살표는 아이 발달에 영향을 주는 어른들의 참여 형태를 나타낸다. 커다란 원은 인류문화라는 환경이다.

끝으로 여기에 나와 있는 '비밀들' 과 새롭게 찾은 보물들 그리고 아이디어가 부모들이 아이들을 도와주거나 교육시키는데, 그리고 어려운 문제들을 푸는데 도움이 되기를 기대한다.

 2장 내 아이와 어떻게
함께 살아갈 것인가

익힌다는 것은 배운다는 것과는 다른 아주 특별한 의미를 가지고 있다. 일반적으로 우리는 아이에게 무엇인가를 보여주고, 설명해주면서 우리 스스로도 배우게 된다. 이때 우리가 '배운다' 라고 말하는 것과 마찬가지로 아이에게 '가르친다' 라고 이야기하면 그것은 아이에게 어떤 지식을 전달하는 것을 의미한다. 하지만 '익히다' 라는 말은 지식을 전달하는 것이 아니라 우리의 생각을 행동으로 나타나게 만드는 것을 의미한다.

chapter 01

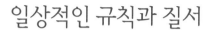

일상적인 규칙과 질서

　사회를 지탱하는 공정한 법률이 있듯이 가정에도 그에 맞은 규칙이 있다. 가정의 규칙은 집안의 질서, 생활 패턴, 행동 양식 등 모든 분야에 영향을 미친다. 이런 가정의 생활규칙을 아이들이 '익히게' 만드는 것은 교육의 한 부분으로서 매우 중요하다.

　이때 우리는 '익히다' 라는 단어에 유의할 필요가 있다. 익힌다는 것은 배운다는 것과는 다른 아주 특별한 의미를 가지고 있다. 일반적으로 우리는 아이에게 무엇인가를 보여주고, 설명해주면서 우리 스스로도 배우게 된다. 이때 우리가 '배운다' 라고 말하는 것과 마찬가지로 아이에게 '가르친다' 라고 이야기하면 그것은 아이에게 어떤 지식을 전달하는 것을 의미한다. 하지만 '익히다' 라는 말은 지식을 전달하는 것이 아니라 우리의 생각을 행동으로 나타나게 만드는 것을 의미한다. 예를 들면 아이가 식사를 하기 전에 항상 손을 씻게 하는 것, 가지고 놀았던 장난감을 치우게 만드는 것, 숙제를 잊어버리지 않게 만드는 것, 그리고 항상 정리

정돈을 잘 할 수 있도록 만드는 것 등을 의미한다.

이런 기본적인 규칙이나 질서를 제대로 익히지 못한 아이의 행동은 순간적인 욕구, 제어할 수 없는 감정, 우연한 사건 등에 영향을 받는다. 그런 경우를 보면 우리는 "저 아이는 말이 너무 많아." "저 아이는 언제나 앞뒤 없이 하는 것 같아." "저 아이는 가정교육을 제대로 받지 못한 것 같아."라고 이야기를 한다. 어른들의 말 속에서도 드러나듯이 규칙을 익히는 것은 아이들에게 질서의식만 갖게 하는 것이 아니라 스스로의 삶에 대한 확신도 함께 갖게 만든다. 왜냐하면 규칙을 통해 아이들은 주어진 상황에서 무엇을 어떻게 해야 하는지, 시간을 어떻게 분배해야 하는지를 배우기 때문이다.

언제, 어떻게 익힐 것인가?

규칙과 질서를 익히기 위해서는 매일 혹은 매시간 마다 특별한 행동을 아주 오랫동안 해야만 한다. 그것은 아주 힘든 일이다. 그래서 우리는 때때로 아이와 대립하거나 갈등을 일으키는 등 많은 어려움을 겪게 된다. 문제는 아이들과 갈등을 일으키는 계기가 편식, 집안일 돕기, 잠자는 시간 등 아주 사소하지만 언제나 생활 속에서 부딪히는 것들이라는 사실이다.

열한 살짜리 딸을 두고 있는 어머니의 이야기를 들어보자.

저와 딸아이 사이에는 큰 문제가 없었어요. 단 하나의 '장애물'이 있었는데 그것은 방 청소를 하지 않는다는 것이었죠. 딸아이가 청소를 하지 못하거나 안 하는 것은 아니었어요. 친구들이 놀러 온다고 하면 아주 깨끗하게 청소를 했거든요. 하지만 평상시에는 방바닥에 물건들이 어지럽게 널려 있어서 방에 발을 디딜 수가 없을 지경이었어요. 저는 딸아이의 방 가까이만 가도 방 안의 어지러운 장면이 떠올라서 몸서리가 쳐질 정도였어요. 제가 방을 좀 치우는 게 어떠냐고 말이라도 할라치면 딸아이는 "잔소리 좀 그만해! 나도 알아!"라고 소리를 질렀죠. 이 문제만 없다면 우리는 정말 다정하게 지낼 수 있을 거예요. 하지만 그런 딸아이를 내버려두는 것은 교육상 좋지 않을 것 같았어요. 물론 개인적으로도 그것을 용납할 수 없었고요. 이 문제가 항상 저를 괴롭혀요. 어떻게 하는 것이 좋을까요?

어머니의 말이 맞다. 어머니의 말대로 이것은 '장애물'이며 어머니를 '괴롭게' 만든다. 하지만 어머니뿐만 아니라 딸에게도 이 문제는 괴로운 일이다. 내가 보기에 이 어머니와 딸의 가장 심각한 문제는 '시기를 놓쳐 버린 것'에 있다. 딸아이가 열한 살이 되어 버린 지금에 와서 방 청소의 문제는 엄마와 딸 모두에게 '장애물'이 되어버렸다. 주변에서 이런 일을 목격하는 것은 아주 쉬운 일이다. 그리고 이런 일은 엄마와 딸의 문제만으로 남겨지지도 않는다. 불행하게도 자녀들이 기본적인 규칙을 익히는 시기를 놓쳐버린 상황은 결국에는 가정의 평화를 해치는 결정적인 역할을 하기도 한다.

두 아이 남자와 여자 아이에게 의붓아버지가 생겼다. 해군 장교로 전역을 한 의붓아버지는 꼼꼼한 성격의 소유자였다. 그는 집안이 깨끗하게 정돈된 것을 좋아했고 실제로 그렇게 만들기 위해 애를 썼다. 하지만 아이들은 의붓아버지와 달리 제 멋대로의 생활에 익숙해 있었다. 아이들 어머니는 아이들이 어렸을 때부터 낮에는 회사 일을 하고 밤에는 업무와 관계된 연구를 하느라 너무 바빴다. 그녀는 아이들에게 필요한 규칙이나 질서를 '익히게 만드는 것'에 시간을 할애할 수가 없었기 때문에 아이들은 항상 조금은 흐트러진 모습으로 생활해 왔던 것이다. 바닥에 어지럽게 널려 있는 물건들, 싱크대에 쌓인 접시, 현관 앞에 아무렇게나 벗어 놓은 신발 등은 새로 들어온 의붓아버지가 이 집에서 맞부딪힌 그냥 조금 불편한 것에 지나지 않았다. 하지만 '항상 늦잠을 자고, 약속을 잊어버리고, 물건을 잃어버리고' 해서 발생하는 여러 가지 불쾌한 일들이 끊이지 않고 계속해서 벌어졌다. 딸은 몇 번이나 현관열쇠를 잃어버리고 창문을 통해 집으로 들어왔다. 한 번은 딸이 '밟아서 다져진 길'을 따라 도둑이 들기도 했다. 아들은 학교를 자주 빠지고 나쁜 친구들과 어울려 놀기만 한다고 했다.

의붓아버지는 아이들의 생활이 질서를 찾을 수 있도록 만들기 위해 아이들 어머니와 의논을 했다. 긴 논의 끝에 이들 부부는 아이들과 대화를 시작했고 서로가 생활 속에서 지켜야 할 서약서를 쓰면서까지 아이들을 배려하고 가르치려고 노력했다. 하지만 이미 버스는 떠난 상황이었다. 시기를 놓친 것이다. 아이들의 생활은 좀처럼 고쳐지지 않았다. 마침내 의붓아버지는 폭발했다. 아이들과 의붓아버지의 관계는 급속하게 나빠졌고 나중에는 아이들과 의붓아버지의 대결에 어머니까지 개입하게 되었다. 슬프지만 새로운 가정을 만들려는 계획은 수포로 돌아갔다. 모두가 실패한 것이다.

그렇다면 이런 규칙과 질서는 '언제 어떻게 익혀야 한단 말인가?' 정답은 없다. 왜냐하면 아이들이 부모의 말을 듣지 않는 이유는 다양하기 때문이다. 하지만 정답이 없다고 해서 아무런 방법이 없는 것은 아니다. 이 장에서는 아이들에게 규칙과 질서를 익히게 할 수 있는 가장 일반적인 방법 몇 가지에 대해서 살펴보도록 하자.

안 되는 일이 있다는 것을 인식시켜라

먼저 내가 감동 받았던 경험을 소개하고 싶다.

미국의 한 자그마한 기차역 대합실 안에서 있었던 일이다. 흑인 엄마가 무릎 위에 아기를 앉힌 채 벤치에 앉아 있었다. 아기는 이제 갓 첫돌이 지난 것 같았고 엄마의 나이는 아무리 많아도 열여덟 살은 넘지 않아 보였다. 이들은 미소, 손동작 그리고 몇 가지의 의성어와 의태어로 대화를 나누고 있었다. 그렇게 행복하게 놀던 중에 아이가 손으로 엄마의 얼굴을 때렸다. 엄마는 집게손가락을 들어 올려서 "stop it!"이라고 말하면서 엄한 표정을 지었다. 하지만 아이는 잠시 뒤 다시 엄마의 뺨을 때렸다. "stop it!" 엄마는 다시 한 번 엄한 표정을 지으며 단호하게 말했다. 아이가 세 번째로 엄마의 뺨을 때리려고 하자 엄마는 아기를 무릎에서 내린 뒤에 두 다리 사이에 서게 만들었다.아기는 이미 혼자서 설 수 있었다. 그리고 한참 동안 아이에게 무관심한 척했다. 아이는 훌쩍거리기 시작했다. 잠시 동안 아이를 내려다보던 아이 엄마는 다시 아이를 무릎에 앉혔다. 이제까지의 갈등이 없어지고 그들은 다시 서로 기분 좋게 놀았다. 그런 와중에 다시 아이가 해서는 안 된다고 말한 동작을 하려고 하면 집게손가락을 세워 엄한 표정을 지었다.

이 이야기를 내가 떠올린 이유는 누구나 다 알고 있는 어린 엄마의 이런 현명한 행동을 요즘 우리 주위에서는 쉽게 찾아볼 수 없기 때문이다. 어린 엄마는 본능적으로 올바르게 행동을 했다. 그녀는 해서는 안 되는 행동을 아이가 했을 때 정확하고 부드럽게 그리고 단호하게 하면 안 된다는 사실을 알렸다. 이것이 중요하다. 아이들이 엄마에게, 혹은 아버지에게 불손한 행동을 하는 것은 우리가 바로 이 순간을 놓쳤기 때문이다. 우리는 그런 예를 주위에서 쉽게 볼 수 있다.

이것은 나이, 성별, 지리적 위치나 문화의 차이와 완벽하게 무관하다. 전 세계의 거의 모든 가족들에게서 이런 방식으로 아이들을 교육하는 모습을 찾는 것은 그리 어렵지 않을 것이다. 이러한 예를 모으고 정리해보도록 하자. 유명한 사람이어도 좋고 평범한 사람이어도 좋다. 이러한 예들이 그 어떤 말보다 훌륭한 길잡이역할을 할 것이다.

한 가족이 식탁에 앉아서 차를 마시면서 대화를 나누고 있었다. 할머니가 정성스럽게 구운 과자를 식탁 위에 올려놓았다. 커다란 접시에 놓인 설탕이 뿌려진 과자가 아주 먹음직스럽게 보였다. 엄마가 차를 따르고 있는 동안 18

개월 된 여자 아이는 과자를 맛있게 먹고 있었다. 과자 먹는 아이를 보며 모두가 미소를 지었다. 차를 다 따른 후 엄마는 아이를 무릎에 앉혔다. 과자 한 개를 다 먹은 후 아이는 하나 더 먹어도 되냐고 엄마에게 물었고 아이 엄마는 허락했다. 두 번째 과자를 다 먹기도 전에 아이가 세 번째 과자를 집기 위해 과자접시에 손을 뻗었다. "안 돼, 손에 있는 것 다 먹기 전에는 과자를 더 집으면 못쓴다."라고 말하며 아이 엄마는 아직 다 먹지 않은 채 손에 들려있는 과자를 가리켰다. 하지만 아이는 엄마의 말을 듣지 않고 계속해서 과자를 집으려고 했다. "안 된다고 말했지. 그건 옳지 못한 행동이야. 못써요." 엄마가 한 번 더 아이의 잘못을 지적했다. 이러한 상황이 몇 번이나 반복되었다. 아이는 고집스럽게 과자를 집으려고 했고, 아이 엄마는 단호하게 아이의 행동을 제지했다. 아이가 울상이 되자 엄마는 아이를 다른 방으로 데리고 갔다. 잠시 뒤 엄마는 아이의 손을 잡고 나타났다. 모두들 아무 일도 없었다는 듯이 평화롭게 차를 마셨다. 그리고 과자가 들어있는 접시는 아이의 반대편에 놓여 있었다.

이런 상황은 아주 일상적이다. 또 그렇기 때문에 교육적으로 대단히 중요하다. 바로 이런 일상적인 '가르침'을 통해 아이는 부모의 '안 돼'라는 말의 절대성을 인식하게 된다. 이렇듯 아이가 아주 어려서부터 '행동의 법칙'을 배울 수 있도록 해야 한다.

환경과 습관을 만들어라

어떤 결정을 할 때 어린 아이들은 자신이 처해있는 상황에 많은 영향을 받는다. 일반적으로 어린 아이들이 해야 하는 결정이란 아주 단순해 보인다. 왜냐하면 어른들은 아이들이 지금 음식을 먹을 것인지 먹지 않을 것인지 혹은 장난감을 가지고 놀 것인지 인형을 가지고 놀 것인지 정도만 선택하면 된다고 여기기 때문이다. 하지만 어른들의 눈에는 비록 사소해 보일지라도 아이들에게는 이것이 대단히 중요한 의미를 갖는다. 이를 통해 아이들은 '자기가 있던 자리'를 벗어났다가 다시 '원래 자기의 자리'로 돌아오는 훈련을 하게 되기 때문이다. 쉽게 말해서 아이들은 자신과 다른 가족들이 각자의 침대에서 잠을 자고, 식탁에 앉을 때는 자기 자리에 앉아서 자기 앞에 놓여 있는 그릇에 담긴 음식을 먹는다는 등의 규칙을 이해하게 되는 것이다. 이런 시기에는 가족 전체가 참가하고 일정하게 역할을 분담하는 행사 손님맞이, 산책 또는 나들이가 있다면 도움이 될 수 있다.

여기에서 어린 아이들이 무엇을 익혀야 하는지 하나하나 나열하는 것은 불가능하다. 중요한 것은 '아이에게 무엇을 원하느냐'이고 그것을 위해서는 관심을 가지고 주의 깊게 아이를 살펴봐야 한다. 이 시기에 아이가 반복해서 잘못된 행동을 하거나 억지나 떼를 써서 정도에서 벗어난 요구를 할 수도 있다. 이때 그것을 모두 수용하게 되면 이는 아이의 '올바른' 성장에 커다란 방해요소로 작용하기 쉽다.

우리가 일상생활에서 이 규칙이 제대로 적용되고 있는지 여부를 가장 잘 확인할 수 있을 때는 주로 먹는 것과 관련되어 있다. 아이가 언제 어떻게 먹는지 그리고 먹을 때 어떻게 행동해야 하는가에 대해서 일정한 규칙이 있어야 한다. 일반적으로 음식은 아이들뿐만 아니라 부모들에게도 훌륭한 시험이 된다. 애석하게도 부모라고 해서 이 시험을 쉽게 통과하는 것은 아니다.

두 살짜리 여자 아이가 있는 이 집의 가장 큰 문제는 딸이 '아무 것도 먹지 않는다' 는 것이다오랜 옛날부터 부모들은 이 말을 하면서 어떻게 아이가 살아있는지 그리고 왜 그렇게 나쁘게 보이지 않는지 놀라워한다. 아이에게 무언가를 먹이기 위해서는 많은 노력이 필요했다. 보통은 아이에게 음식을 먹이기 위해 엄마는 노래를

하고 유모는 춤을 추었다. 이런 식의 노래와 춤이 하루에도 몇 번씩 반복되었다. 심지어 아이가 원하는 장소와 시간에 아예 따로 챙겨주어야 하는 때도 많았다.

여기 다른 예를 한번 보자.

다섯 살 남자 아이의 엄마는 아이가 산만해서 걱정이다. 하지만 집에는 아이를 '엄격하게 가르치는' 삼촌이 있다. 한 번은 아이가 식사 시간에 식탁을 벗어나 장난감을 가지고 논 적이 있었다. 한참을 놀다가 배가 고팠는지 식탁으로 다시 돌아와 무언가를 먹으려고 했다. 하지만 삼촌은 허락하지 않았다. 엄마는 삼촌의 행동을 가만히 지켜만 봤다. 올바른 행동이라고 생각했기 때문이다.

하지만 만약 "엄마하고 삼촌도 똑같이 하잖아요?"하고 물으면 "아니에요, 무슨 말을 하세요. 저는 엄마예요! 아들은 어린이 집에서 돌아와서 배가 고플 거예요. 원하는 만큼 먹게 해야죠." 라고 대답한다.

이런 식으로 사람들은 서로 다른 곳에 무게를 두어 생각을 한다. '위胃'에 무게를 두는 사람이 있고 '행동'에 무게를 두는 사람이 있다. 애석하게도 부모들은 때때로 첫 번째인 '위'에 무게를 둔다. 그리고 물론 그들이 생각하기에 '가장 좋은 생각'을 행동으로 옮긴다. 아이에 대한 걱정이 많은 엄마들에게는 아마도 다음에 나오는 실험의 결과박스 2가 도움이 될 것이다.

아이들은 스스로 선택을 한다

　몇몇 부모들은 아이가 밥을 먹게 하기 위해서 온갖 방법을 동원한다. 이때 부모들은 '먹게 하겠다' 는 생각에만 몰입한 나머지 정작 아이에게 필요한 영양분에 대해서 간과하는 경우도 있다. 아이에 대해 걱정이 너무 많은 엄마들은 '제대로 씹을 시간을 주지 않아서 아이가 밥을 먹지 못하는' 웃지 못할 결과에 도달하기도 한다. 가장 좋지 못한 결과는 아이가 음식에 대해 갖게 되는 생각이다. 아이는 '원하는 것' 을 '필요한 것' 으로 대체한다. 이로 인해 아이의 머릿속에 있는 모든 관계가 엉망이 된다. 필연적으로 아이는 저항을 하고 거부한다. 아이는 심술을 부리고 입 안에 음식을 넣고 삼키지 않으려고 하며 심지어 음식을 뱉어내기까지 한다.

　이런 문제를 해결하는데 도움이 되는 아주 흥미로운 실험 결과가 하나 있다. 유럽의 한 유치원에서 있었던 일이다. 야채, 과일, 요구르트, 우유, 고기, 과자, 사탕 등 아이들이 좋아하고 건강에 필요한 모든 음식을 식탁 위에 펼쳐놓은 다음 아이들을 식탁에 앉혔다. 그곳에서 아이들은 먹고 싶은 것을 마음대로 고를 수 있었다. 관찰자는 아이들이 어떤 음식을 선택하고 얼마나 먹었는지를 살펴보았다. 일주일이 지난 후에 아이들이 먹은 음식들 속에 단백질과 지방 그리고 칼슘, 비타민 등 필요한 영양소가 얼마나 들어 있는지 계산을 해보았다. 결과는 놀라웠다. 아이들이 스스로 선택하고 먹은 음식물에는 거의 권장 섭취량에 가까운 영양소들이 들어 있었다.

아이가 스스로 판단하게 만들어라

아직 때를 놓치지 않은 순간으로 돌아가 보자. 아이가 규칙을 제대로 지키고 있는지를 관찰하는 것만으로는 부족하다. 중요한 것은 부모가 아이와 여러 가지 일을 함께 하는 것이다. 함께 하는 동안 부모는 다방면에 걸쳐서 아이에게 아주 효과적인 도움을 줄 수 있다.

얼마 전에 나는 두 살 정도 되어 보이는 여자 아이와 산책을 하고 있는 엄마를 관찰할 기회가 있었다. 여자 아이는 모래밭에서 놀고 있었다. 점심때가 다가왔다.

"우리 착한 공주, 이제 집에 갈 준비를 해야지. 자, 손 털고, 장난감들은 모아서 봉지에 넣어야지…… 인형과 삽도 잊지 말고 챙겨라." 엄마는 전혀 서두르는 기색 없이 아이가 준비할 수 있도록 시간을 주면서 말했다.

"다 했어? 그럼, 이제 집으로 가자. 엄마를 잘 도와줘서 고맙구나. 집에 가서 옷 갈아입고, 손 씻고 맛있는 수프를 먹자……."

엄마가 특별한 일을 했다고 생각되는가? 아주 평범해 보이지만 실제로는 엄마의 행동 속에 아주 특별한 비밀들이 숨겨져 있다. 첫째, 엄마는 아주 부드럽고 기분 좋은 목소리로 말했다. '우리 착한 공주' '엄마를 잘 도와줘서 고맙구나.' 둘째, 엄마는 아이의 속도에 맞추어 주었다. 사실 많은 사람들은 그렇지 못하다. 여기에 등장하는 엄마는 서두르지 않고 이야기를 했고, 또 서두르지 않고 행동했다. 아이가 놀이를 그만두고 물건을 챙기는 데에는 시간이 필요하다. 엄마는 전혀 서두르지 않고 아이가 정리할 수 있도록 충분한 시간을 준 것이다. 셋째, 아이가 해야 할 행동을 구체적으로 하나하나 이야기해서 아이가 판단할 수 있도록 했다. 즉, "손 털고 …… 인형과 삽도 잊지 말고 챙겨라."고 이야기함으로써 엄마는 아이가 스스로 판단해서 자신의 주도하에 행동을 할 수 있도록 돕는 것이다. 넷째, 엄마는 다음에 할 일을 계획 맛있는 수프 하면서 아이가 관심을 갖도록 만들었다. 결과적으로 아이는 자연스럽게 엄마의 말을 듣고 엄마와 함께 질서와 원칙을 익혔다.

실제로 많은 부모들은 본능적으로 이와 같은 행동을 한다. 엄마들은 아이들과 함께 놀면서 아이들에게 이런 저런 이야기를 해 주고, 아이가 성장하게 되면 함께 대화하는 것을 좋아하기 때문이다. 문제는 그것이 '아이들을 가르치는 것'이 아니라 '아이들이 익히게 하는 방식'이어야 한다는 것이다.

미취학 아동의 경우, 때로는 그 나이에 이해하기 어려운 것을 익혀야 하는 경우가 발생한다. 예를 들어서 약속을 지키는 것이나 의무를 수행하는 것 같은 쉽지 않은 개념과 그에 따른 행동을 가르쳐야 한다. 이런 경우 방법을 조금만 달리 해도 아이들은 어렵지 않게 이 개념들을 받아들인다. 아이가 강아지를 키우게 해달라고 조른다면 햄스터나 물고기같이 다루기 쉬운 동물을 키우게 함으로써 아이가 스스로 애완동물을 잘 보살펴 주는지 확인하는 방법을 사용하면 된다. 하지만 대부분의 경우 아이들은 자기들이 할 일을 잊어버리게 되고 남겨진 애완동물을 보살피는 일은 어른들의 차지가 되고 만다. 이런 경우 커다란 갈등 없이 아이가 자기가 한 약속을 지키게 만드는 것은 대단히 중요하다. 하지만 그것은 다른 것들과 마찬가지로 아이가 '익히게 되는 것' 이어서 끈기, 섬세함 그리고 때로는 부모들의 창의적인 사고가 요구되기도 한다.

유명한 미국의 정신과 의사인 밀턴 에릭슨의 회고록을 보면 이와 비슷한 경우가 나온다. 그에게는 여덟 명의 아이가 있었다. 그는 모든 아이들의 재능을 시험했다. 아버지로서 에릭슨은 아주 특별하게 아이들을 대했다. 그의 이야기를 들어보자.

아이들은 장기적인 기억력이 없다. 하지만 나는 아이들이 무엇을 했고 무슨 말을 했는지 아주 잘 기억했다. 하루는 큰아들 로버트가 "저는 이제 키도 크고 힘도 센 어른이에요. 매일 밤 쓰레기를 내갈 수도 있어요." 라고 말했다. 나는 아직은 좀 이른 것 같다고 이야기를 했지만 로버트는 흥분해서 자신의 주장을 끝까지 관철하려고 했다. 그래서 나는 말했다. "좋아, 그럼 다음 주 월요일부터 네 말대로 한번 해보자."

로버트는 월요일 그리고 화요일에 쓰레기를 버렸다. 하지만 수요일에는 쓰레기 버리는 것을 잊어버렸다. 목요일에는 내가 지난주에 한 약속을 말해주었고 로버트는 쓰레기를 버렸다. 하지만 로버트는 금요일에 다시 쓰레기 버리는 일을 잊어버렸다. 토요일이 되어서 나는 일부러 로버트가 재미있어 하는 게임을 원 없이 할 수 있도록 내버려두었다. 새벽 한 시가 되었을 때 로버트는 "나 자러 갈래요."라고 말하고는 지친 몸으로 자신의 방을 향했다. 나는 로버트에게 "오늘은 좀 특별한 날이니까 내일 아침에는 우리 늦잠을 자는 게 어떨까?"라고 말하자 로버트도 좋다고 말하며 방문을 닫았다.

그 날 밤 나는 '이상한 우연'으로 새벽 세 시에 로버트를 깨워야 했다. 나는 로버트에게 쓰레기 버리는 일을 말해주지 않아서 미안하다고 했다. 깨우기는 하지만 속으로는 '과연 아이가 지금 이것을 할까?' 하는 생각을 지울 수 없었다. 하지만 로버트는 일어나 옷을 챙겨 입었다. 나는 한 번 더 정말 미안하다는 이야기를 했다. 로버트는 쓰레기를 버렸다.

쓰레기를 버린 로버트는 방으로 돌아와서 옷을 벗고 파자마를 입은 후 침대로 갔다. 로버트가 깊게 잠이 들었을 때 나는 다시 로버트를 깨웠다. 이번에도 나는 몇 번이나 거듭해서 잠을 깨워서 미안하다고 말했다. 그리고 부엌에 있는 쓰레기를 못 봤었다고 말했다. 한 번 더 쓰레기를 버려줄 수 있느냐고 물었다. 로버트는 부엌에 있던 쓰레기를 들고 나가서 거리에 있는 쓰레기 컨테이너에 넣었다. 로버트는 집으로 돌아오면서 무언가 골똘히 생각을 하는 것 같았다. 거의 현관에 도착했을 때 로버트는 갑자기 거리의 쓰레기 컨테이너를 향해서 뛰어갔다. 컨테이너의 뚜껑이 제대로 닫혔는지를 확인하기 위해서였던 것 같았다.

집 안으로 들어오면서 로버트는 침대로 다시 자러 들어가기 전에 멈춰 서서 부엌과 집 안 이곳 저곳을 한 번 살펴보았다. 나는 로버트에게 계속해서 미안하다고 말했다. 로버트는 잠자리에 들었다. 그리고 그 이후에는 더 이상 쓰레기통 비우는 것을 잊어버리지 않았다.

실제로 로버트는 이날의 '수업'을 똑똑히 기억하고 있었다. 내가 그 수업을 회고록에다 쓰겠다고 했더니 이미 어른이 된 로버트는 머리를 숙이고는 한숨을 깊게 내쉬었다.

아버지의 행동은 정말로 아주 특별했다. 하지만 그가 한 행동은 모두가 계획된 것이었으며 결과를 예측할 수 있었다. 첫째, 그는 아이가 깊은 잠에 빠질 때까지 기다렸다가 늦은 밤에 아이를 깨웠다.그것도 두 번씩이나. 무엇 때문에? 아이가 자신이 한 약속을 지켜야 한다는 것을 느끼게 만들기 위해서였다. 그것을 느끼는 일은 최소한 침대 위에서 꾸는 '행복한 꿈'보다는 더 중요한 것이다. 둘째, 그는 쉬지 않고 미안하다고 하면서 '수업'에 아이가 관심을 갖게 만들었다. 왜 그랬을까? 그것은 잘못의 일부를 자신의 것으로 만들면서 아이가 우호적인 입장을 유지하게 만들기 위해서였다. 그렇게 함으로써 아이는 부정적인 반응을 보이지 않게 되는 것이다. 에릭슨의 생각은 정확했다. 아이는 이 일이 있은 이후 모든 것을 진심으로, 진지하게 생각하게 되었다. 뿐만 아니라 아이는 자신이 한 말에 대해서 책임져야 한다는 사실을 잊지 않게 되었다.

'외적인 재료'를 이용하라
미취학 아동이나 초등학교 저학년 아이들은 스스로의 행동을 조직화하는 훈련을 할 때 '외적인 재료'가 많은 도움이 된다. '외적인 재료'는 그림 카드, 목록, 사용 설명서, 메모 등으로 아이들에게 무엇을, 언제, 어떻게 해야 하는지를 알려주는 모든 재료를 의미한다. 어른들의 도움으로 만들어진 '사용 방법'을 사용해서 아이들이 어떤 일을 혼자서 할 수 있도록 만들어주는 보조 재료이다. 이 '외적인 재료' 사용의 장점은 한 번에 두 마리의 토끼를 잡는다는 것이다.

- 부모가 짊어진 짐의 일부를 내려놓을 수 있고
- 아이에게 책임감을 불어넣어 준다.

하지만 애석하게도 대부분의 부모들은 자신의 역할을 살아있지 않은 물건에 넘겨주는 것을 달가워하지 않는다.

엄마는 초등학교 2학년인 아들을 깨우고 아들은 깨우는 엄마를 향해 계속해서 짜증을 내고 있다.

"자명종 시계가 없습니까?" 라는 질문에 엄마가 대답한다.

"물론 있어요. 아이가 매일 시간을 맞추어 놓은 다음 잠을 자요. 하지만 매일 아침 자명종이 울리면 자명종을 끈 후에 계속해서 자요."

"그럼 당신은 어떻게 하나요?"

"어쩌긴요, 제가 가서 깨우죠. 어떤 날에는 몇 번씩이나 방문을 두드려 깨우기도 해요. 그러면 아이는 '알았어, 금방 일어날게. 그만 좀 해!' 라고 말하고는 다시 잠이 들어 버려요. 결국은 제가 아이에게 화를 내고 아이 역시 제게 화를 내죠. 그렇게 아이는 거의 매일 아침 화가 난 상태에서 일어나는 거예요."

"만약 깨우지 않으면 어떻게 될까요?"

"아마 매일같이 지각을 할 걸요."

그 다음에 우리는 '지각' 이 누구의 걱정이어야 하는지를 물었다. 대답은 명확하다. 하지만 엄마는 계속해서 이 걱정을 자신의 것으로 만들었다. 이로써 아들이 자기 자신의 행동에 대해 아무런 책임의식을 갖지 않게 되었다. 이런 엄마에게 가장 필요한 것이 바로 적당한 '외적인 재료' 를 사용하는 법이다.

'살아있는 교육' 을 두려워하지 마라

우리는 아이가 어른들의 말을 잘 듣지 않거나 지나치게 방만한 행동을 하면 좋지 않은 결과, 즉 인생이 주는 가르침을 받게 될 것이란 사실을 알고 있다. 하지만 그렇다고 해서 아직 '의식' 이 성숙하지 않은 아이가 부정적인 결과와 부딪히는 것을 무조건 막아서는 안 된다. 자신의 행동이 원인이 된 경우 아이는 자기 자신을 제외한 다른 사람을 탓할 수 없고 비록 부정적인 결과나 '나쁜 결과' 에 부딪히더라도 이는 앞으로의 삶을 위한 소중한 경험을 쌓은 셈이 되기 때문이다. 우리는 방금 자명종 시계를 듣고 일어나느냐 안 일어나느냐에 대해서 이야기를 했다. 엄마가 보다 현명하게 대처한다면 어떻게 해야 할까?

아홉 살짜리 남자 아이는 저녁에 가방을 챙기지 않았다. 아침에 일어나서 급하게 가방을 챙기느라 숙제를 해둔 노트를 깜빡 잊고 학교에 갔다. 학교에도 늦었고 숙제를 한 노트도 안 가져가서 선생님께 야단을 맞았다. 집으로 돌아온 남자 아이는 엄마에게 일어났던 일을 이야기했다.

엄마 : 저런, 오늘은 아주 운이 나쁜 날이었구나. 그런데 넌 아침에 모든 것을 챙길 수 있다고 생각한 거냐?

아들 : 그럼요, 책 두 권만 챙기면 되었거든요두고 간 노트를 찾는다. 어디로 숨어버린 거지? 난 분명히 숙제를 했거든요. 그런데 선생님은 내가 숙제를 안 했다고 야단치셨어요.

엄마 : 그러니까 네 생각엔 선생님께 야단맞은 것이 억울하다는 거지?

아들 : 당연하죠. 만약 내가 문제를 안 풀었다면 당연히 야단을 맞아야겠죠. 하지만 선생님께서는 저에게 '산만하다' 고 하시면서 야단을 쳤어요. 문제를 안 풀었다는 것이 아니라 산만하다고 야단을 치시는 건 좀 이상하잖아요. 원칙대로 해야 하는 거잖아요아이는 책상 아래 떨어져 있는 노트를 발견했다. 여기 있었네! 보세요, 모두 맞게 풀었잖아요. 오늘은 숙제를 끝내고 가방을 바로 챙겨놔야겠어요. 그래야지……

엄마 : 그래 그렇게 하려무나. 미리미리 챙겨 놓는 건 좋은 일이니까.

아들 : 예, 알았어요. 두 번 다시 일을 미루다 노트를 챙기지 못하는 일은 없도록 해야겠어요.

우리는 엄마의 행동이 매우 현명하다는 것을 알 수 있다. 첫째, 엄마는 아들이 자신이 한 행동의 결과로 기분 나쁜 일을 당하도록 내버려 두었다. 즉, 노트를 빠뜨렸다는 사실을 이야기하지 않았다. 둘째, 아이에게 기분 나쁜 일이 일어났을 때 엄마는 함께 마음 아파했다. 엄마가 '적극적으로 아이의 이야기를 들어줌'으로써 둘의 관계는 여전히 사이 좋은 어머니와 아들로 남아 있을 수 있었다. 결국 그렇게 함으로써 엄마는 아들을 도와준 셈이 되었다. 삶은 때때로 부모보다도 더 훌륭하게 아이를 가르친다. 아이가 잘못된 행동을 하게 되고 그로 인해서 '삶 자체'가 교훈을 주는데 부모가 거기에 어떤 가르침을 추가할 필요는 없다.

우리는 몇 가지 기본적인 방법과 법칙에 대해서 이야기를 했다. 이것들은 부모와 아이들에게 쉽지 않은 과제들을 습득할 수 있도록 만든다. 다시 한번 간단하게 정리해 보자.

- 무언가를 익히는 것은 가능하면 빨리 시작해야 한다. 그리고 그것을 체계화해야 한다. 사람의 몸도 자연법칙을 따른다는 것을 기억하는 것이 중요하다. 어린 시기에 했던 모든 행동들은 반복하면 습관이 된다.
- 처음에는 아이가 혼자 하기 어려운 것들을 도와주어야 한다(무언가를 기억시키기, 안전장치 하기, 함께 하기 등). 그리고 나서 점차적으로 아이가 혼자 할 수 있도록 만들어주어야 한다. '이전移轉 시기'에는 '외적인 재료'의 사용을 기억하자.
- 특히 익히기 어려운 것을 만나는 경우에는 대화를 하는 것이 중요하다.
- '실패는 성공의 어머니'라는 것을 기억하자. 아기가 넘어질 염려가 있

다고 해서 모든 바닥에 쿠션을 깔아서는 안 되고 그럴 수도 없다. 설사 좋지 못한 결과일지라도 아이가 자신의 행동으로 인해서 맞닥뜨리는 결과를 확인하는 것이 중요하다.

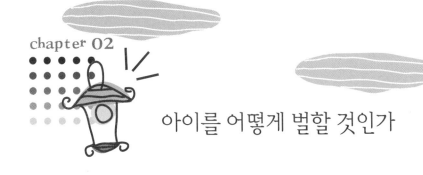

아이를 어떻게 벌할 것인가

아이에게 꼭 벌을 줘야 하는 것일까? 만약 그렇다면 어떻게 벌을 줘야 하는 것일까? 아이에게 벌주는 것은 언제나 기분이 좋지 않은 상황을 전제하고 있다. 왜냐하면 아이의 불만과 투정뿐만 아니라 때로는 분노까지 받아들여야 하기 때문이다. 처음에는 아이가 눈으로 '엄마아빠 나빠!' '나삐쳤어!' '내가 나쁘게 되기를 바라는 거야!' 라고 이야기를 할 것이다. 하지만 당신은 결국 아이에게 '엄마아빠 싫어!' 라는 이야기를 들어야 할지도 모른다.

부모의 서로 다른 입장들

내가 만난 어떤 부모들은 '적敵'의 역할을 참지 못한다. 그래서 아이의 기분을 맞추기 위해 노력한다. 이런 부모들의 특징은 어떤 상황에서든 자신의 입장과 기분을 아이에게 설명하고 이해시키려 한다는 것이다. 그리고 자신의 목적이 달성되지 않았을 때에는 실행도 하지 않을 처벌을

이야기하며 위협하는 것이 고작이다. 한마디로 이런 부모들은 아이와 되도록이면 좋은 관계를 유지하면서 무언가를 가르치려고 한다. 이 경우에 해당되는 부모들은 주로 마음이 약하다. 물론 충분히 이해는 가능하다. 하지만 애석하게도 이런 경우 대부분은 옳지 못한 결론에 도달하기 쉽다. 왜냐하면 이런 식의 관계가 지속되면 언젠가는 아이가 '선'을 넘을 것이고 그 경우 부모들은 어떻게 대처해야 할지 몰라서 당황할 것이기 때문이다.

그 반대의 경우로 아주 엄격하고 위엄 있는 부모들이 있다. 이런 부모들은 '아이들에게는 예의를 차릴 필요가 없다'거나 '아이들은 자신이 어떻게 행동해야 하는지를 알 수 있도록 잘못에 대해 반드시 벌을 주어야 한다'고 생각한다. 그래서 대개의 경우 이런 부모들은 자신들이 가진 힘과 권력을 사용해서라도 아이들을 복종시킨다. 이런 경우 아이들은 반발심으로 오히려 '나쁜 길'을 선택하기도 하고 때로는 부모를 포함한 어떤 어른의 말도 듣지 않는 문제아로 성장하게 된다.

그리고 마지막으로 아버지와 어머니가 서로 반대되는 입장을 가진 경우가 있다. 내가 관찰한 한 가정의 이야기를 보자.

네 살짜리 딸아이의 아빠는 감정이 풍부하고 부드러운 사람이고, 엄마는 에너지가 넘치는 씩씩한 사람이었다. 문제는 이들의 네 살짜리 딸이었다. 아이는 엄마 아빠의 말을 전혀 귀담아 듣지 않고 제멋대로 행동했으며 어떤 부탁도 어떤 명령도 통하지 않았다. 잠자기, 아침에 일어나기, 식탁에 앉기, 산책하기 등 아주 평범한 일들조차 한번도 조용하게 넘어간 적이 없었다. 화가

나면 바닥에 누워서 손발을 휘저으면서 악악대었다. 그릇과 함께 음식을 집어 던지고 장난감과 물건들을 마구 부수는 일도 있었다. 집은 물론이고 상점이나 길거리 등 어디서나 소리치고 난리를 부리는 것이 다반사였다.

아빠는 이런 딸을 달래기 위해 차근차근 설명해 주기도 하고, '이야기 적극 들어주기'를 하면서 일인칭으로 대화를 시도하기도 했다. 하지만 이런 아빠와 달리 엄마의 태도는 단호했다. 엄마는 아이가 화를 내거나 고집을 부리면 한 쪽 모서리에 서서 벽을 보고 서 있으라고 했다. 아이가 엄마의 말을 듣지 않으면 엄마는 아이를 화장실에 가두어버리기까지 했다. 그러면 아이는 화장실 안에서 있는 힘껏 문을 발로 차며 소리쳤다.

아이가 이렇게 변한 것은 어느 날 갑자기 일어난 일이 아니었다. 이미 2년 전부터 조짐이 있었다. 아이는 자기가 하고 싶은 일이 있으면 엄마 아빠가 무슨 일을 하고 있든 같이 하자고 조르며 손을 잡고 늘어졌다. 만약 놀아주지 않으면 마구 소리를 질러댔다 이런 상황에서 엄마와 달리 아빠는 언제나 딸의 요구를 들어주었다. 식탁에 앉아서는 자기 앞의 그릇이든 아니든 상관없이 함부로 만졌다 이 때에도 아빠는 아이가 아무거나 조금이라도 먹기를 바라는 마음에서 그냥 놔두었다. 산책을 하러 거리를 나섰을 때에도 아이가 가고 싶다고 말하는 곳이면 어디든 데리고 다녔다 부모 중 누구도 아이에게 어디를 가자고 제안하는 법이 없었다. 잠을 재울 때는 30~40분 동안 혼자서 침대에 있기 싫다고 울고불고 난리를 쳤다 이때 엄마는 아빠가 아이에게 가는 것을 반대했지만 아빠는 엄마 몰래 아이를 데리고 침실을 빠져 나왔다.

시간이 지남에 따라 문제가 점점 더 심각해지는 것을 볼 수 있다. 엄마 아빠가 아이를 대하는 접근 방식이 잘못되었기 때문이다. 뿐만 아니라 이들 부부는 굉장히 중요한 것 한 가지를 잘못하고 있는데 그것은 아이에 대한 부모의 의견 불일치이다. 아이를 어떻게 벌 줄 것인지 아닌지에 대해서는 반드시 엄마 아빠의 합의가 있어야 하지만 이들 부부는 그렇게 하지 못했다.

자, 다시 처음으로 돌아가 '아이에게 꼭 벌을 줘야 하는 것일까? 만약 그렇다면 어떻게 벌을 줘야 하는 것일까?' 하는 문제에서 시작해 보자.

벌罰의 의미

우선 평범한 부모님들이 생각하는 '벌이 어떤 의미를 가지고 있는지'와 '벌을 통해서 얻을 수 있는 것이 무엇인지'를 알아야 한다.

벌에 대해 대부분의 사람들이 갖고 있는 가장 잘못된 고정관념은 벌을 주면 부정적인 감정, 즉 아픔, 수치, 공포를 불러일으켜 나중에 똑같은 일을 반복하지 않을 것이라는 생각이다. 아이가 자신의 잘못을 기억하지 못하고 똑같은 잘못을 반복했을 때 벌의 강도를 높여야 한다고 생각하는 것은 이 같은 잘못된 고정관념 때문이다.

벌의 의미에 대한 이 같은 고정관념은 오랫동안 교육 현장에서 경험을 통해서 검증되었다는 생각 때문인지 사람들의 의식에 뿌리 깊게 박혀 있다. 애석하게도 어떤 사람은 '학문적' 증명을 통해 아이들에게 어떠한 것을 가르치기 위해서는 '작용–반작용의 법칙'에 따라 벌의 '강도를 높여야'_{부정적인 감정을 포함해서} 한다며 벌의 필요성에 대해서 이야기하기도 한다. 하지만 이것은 중대한 오류를 갖고 있다. '작용–반작용의 법칙'이 인간의 모든 행동에 적용되는 것은 아니기 때문이다. 그 중에서도 교육은 특별히 작용–반작용의 법칙이 적용되지 않는 특수한 분야이다.

과연 벌을 주는 것만으로 아이의 행동을 변화시킬 수 있을까? 이 문제는 좀 더 폭넓게 살펴볼 가치가 있다. 일반적으로 아이들의 경우 정말로 공포를 느끼게 되면 금지된 행동을 하지 않는다. 하지만 '금지된 행동을 하지 않는' 것만으로 아이의 행동이 고쳐졌다고 말할 수 있을까? 그렇지 않은 경우가 대부분이다. 왜냐하면 아이들은 실제로는 행동을 고치지 않고 단지 고친 척 할 것이기 때문이다. 어떤 아이들은 마치 말을 잘 듣는 것처럼 속임수를 쓰기도 한다. 이를 테면 특정한 사람_{예를 들어 엄마} 앞에서는 하지 않던 행동을 특정한 사람이 아닌 다른 사람_{예를 들어 아빠} 앞에서는

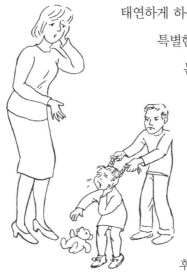

태연하게 하는 경우가 있다. 이러한 모습은 아주 특별한 예가 아니라 주변에서 흔히 볼 수 있는 전형적인 모습이다.

엄마와 집에 있는 동안 아홉 살짜리 아들은 여섯 살짜리 여동생을 끊임없이 괴롭혔다. 엄마가 말려도 아무런 소용이 없었다. 하지만 아이의 이런 행동은 아빠가 집으로 돌아온 후에는 완전히 뒤바뀌었다. 유순하고 착한 아이로 돌아가는 것이다.

아이 아빠는 일주일에 한 번씩 채찍으로 아들에게 벌을 줬다. 이런 아빠의 행동 때문에 아들은 일종의 공포심을 가지고 있었다. 하지만 아빠는 자신의 행동에 대해 아주 만족해했으며 또한 올바른 행동이라고 믿고 있었다. 왜냐하면 그는 '아무런 두려움이 없다면 원칙은 결코 지켜지지 않는다'는 생각을 갖고 있었기 때문이다. 그는 가끔 자기가 집 현관에 들어설 때 아들이 자기를 보고 '몸을 떤다'고 이야기하면서 이것은 자신의 생각이 잘 들어맞는 증거라고까지 했다.

이 가족의 경우 아이들은 하루의 대부분을 엄마와 함께 보냈다. 엄마만 있을 때 아들은 동생을 못살게 굴 뿐만 아니라 욕설을 하고, 집 안을 어질러 놓고, 공부를 해야 할 시간을 지키지 않는 등 금지된 행동들을 아무런 거리낌도 없이 했다. 문제는 여기에 그치지 않았다. 아이의 행동은 집에서처럼 학교에서도 아주 심각한 문제를 일으켰다. 아이가 학교에서 다른 아이들을 위협하고 시비를 걸며 못살게 굴었던 것이다. 이렇게 괴롭힘을 당한 아이들의 부모들이 학교 선생님께 진정을 넣거나 집으로 직접 찾아와 항의하는 일까지 벌어졌다.

결국 부모는 중대한 결심을 해야 했다. 아이를 월요일에서 금요일까지 기숙사에서 지내고 토요일과 일요일은 집에서 지내는 기숙학교에 보내기로 한 것이다. 학교에 가야 하는 월요일 아침이면 아이는 부모님을 붙잡고 애원했다. 하지만 아이는 그 후로도 일 년 동안이나 계속해서 기숙학교에 다녀야 했다. 그 이유는 오직 한 가지였다. 아이 부모님들이 가진 '작용—반작용의 법칙'이라는 고정관념에 대한 확신 때문이었다.

위에서 살펴본 것처럼 벌에 대한 의미가 '작용—반작용의 법칙'이라는 고정관념은 전혀 문제를 해결하지 못할 뿐만 아니라 오히려 문제를 더 심각하게 만든다. 그렇다면 벌이 어떤 의미를 가질 때 아이의 잘못된 행동이나 문제점을 해결하는 역할을 할 수 있을까?

우선 벌로써 아이의 모든 문제를 해결하겠다는 생각을 버려야 한다. 그리고 벌을 법칙, 표준 또는 질서를 지키지 않은 것에 대한 경고 정도로만 생각해야 하며 아이의 외적인 행동이나 태도의 변화보다는 내적인 변화에 초점을 맞춰야 한다. 이런 기본적인 조건이 충족되면 아이는 벌을 전혀 다른 의미로 받아들인다. 아이는 어른들이 단지 말로 타이를 때보다 훨씬 중요한 문제이니 반드시 기억해야겠다는 내적인 동기를 갖게 되기 때문이다.

아이들은 특성상 부모의 말을 한 귀로 듣고 한 귀로 흘려버리는 경우가 많다. 뭔가 자신의 마음에 들지 않을 경우에는 특히 더 그렇다. 비록 자신의 잘못이 있다 하더라도 아이의 입장에서는 벌을 받아야 한다는 사실이 당황스러울 수 있다. 또 벌을 받는 것이 괴롭고 힘들기 때문에 화가나고 토라질 수도 있다. 하지만 이런 부정적인 요소가 뒤따름에도 불구하고 벌을 주는 까닭은 아이가 자신의 행동에 대해서 생각하고 무엇이 잘못되었는지를 생각할 수 있도록 만들어주는 것이 부모로서의 의무이기 때문이다.

이런 관점에서 보면 벌은 언제나 아이들의 올바른 의식과 인격형성에 초점을 맞추어야지 아이들의 외적인 행동이나 태도의 변화에 관심을 두어서는 안 된다. 벌을 주는 부모 역시 가장 기본적인 질서와 법칙 또는 도덕을 지키며 살아가는 사람인 동시에 그것의 '전달자' 역할을 하는 것이지 자신의 의지나 가치를 강요해서는 안 된다. 그러므로 표현방식도 "우리 가족에게 그것은 별로 좋지 않아……." "우리의 질서는 그래." "이런 식으로 해야 해." 등 그 역할에 합당해야 한다. 이런 표현방식의 특징은 "내가 말했잖아……." "내가 부탁하는 거야." 등의 표현에서 볼 수 있는 '나'로서의 부모나 어른이 존재하지 않는 것이다. 이들 문장은 주어가 없는 무인칭

문이며 어른들의 개인적인 요구가 아니라 당연히 필요한 것임을 강조하고
있다 이에 대한 적절한 예는 1장 Chapter 04에 나와 있는 플로렌스키의 이야기를 보면 된다.

감정이 앞서는 행동

부모님들은 "유명한 책에는 아이를 어떻게 교육시킬 것인가에 대해서
많은 것들이 나오죠. 따라만 하면 아이들을 아주 훌륭하게 가르칠 수 있
을 것 같았어요. 하지만 저한테는 아무런 도움이 되지 않았어요. 왜냐하
면 실제로는 도저히 적용할 수 없었기 때문이죠. 바로 눈앞에서 아이가
말을 안 듣는데 어떻게 조용하게 이야기할 수 있겠어요? 어떤 날에는 아
이가 일부러 저를 테스트하는 것 같다는 생각도 들었어요. 결국 저는 매
를 들고 말아요."라고 이야기한다.

아이에게 올바르게 행동하는 방법을 익히도록 하는 것은 부모에게도
매우 어려운 일이다. 부모 역시 감정을 가진 인간이기 때문이다. 부모들
은 투정을 부리거나 말을 잘 듣지 않는 아이뿐만 아니라 자기 자신의 감
정과도 싸워야 한다. 그러므로 우리는 간단하게나마 감정의 문제에 대해
서 살펴볼 필요가 있다.

부정적인 감정은 우리가 어떻게 할 수 없는 순간에 발생한다. 사실 객
관적으로 용인할 수 없는 범위를 넘어서지만 않는다면 인간은 자신의 감
정을 주체적으로 표현할 권리가 있다. 하지만 중요한 것은 감정을 표현하
는 것과 감정을 가지고 어떤 행동을 취하는 것은 별개의 문제라는 사실이
다. 우리의 행동은 감정에 영향을 받고, 또 행동으로 감정을 표현하기도
한다. 이런 상황은 아주 자연스러운 것이다. 하지만 문제가 되는 것은 행

동으로 감정을 그대로 드러내는, 즉 감정적인 행동을 하는 경우이다.

　행동으로 감정을 표현하는 방식은 매우 다양하다. 예를 들어 예상치 못한 어떤 것을 보고 너무 놀랐을 경우, 대부분의 사람들은 아무런 행동도 하지 못하고 잠시 동안 그 자리에 멈춰 서 있게 된다. 그 순간 사람들은 왜 놀라게 되었는지 원인을 생각하거나 또는 현재의 상황을 분석해봄으로써 무슨 일이 벌어졌는지 정확하게 파악하려고 노력한다. 이러한 형태의 반응을 대부분의 사람들은 경험을 통해 잘 알고 있다. 여기서 우리가 생각해봐야 하는 것은 우리에게 '행동을 선택할 권리'가 있다는 사실이다. 나에게 일어난 감정을 어떻게 다스릴 것인가에 대한 선택권 말이다. 이 선택에 영향을 미치는 많은 문제들 '지금은 어떤 상황인가?' '내가 원하는 것은 무엇인가?' '나의 반응을 사람들은 어떻게 이해를 할 것인가?' 등 가운데 어디에 초점을 두느냐에 따라서 우리는 다양한 방식의 행동을 취하게 된다. 한 마디로 말해서 감정은 우리에게 원하는 행동을 할 수 있는 기회를 제공한다. 그리고 우리는 보다 폭넓은 능력 의식, 책임감, 사고, 경험 을 동원해서 어떤 행동을 선택하는 것이다. 그렇다면 말을 잘 듣지 않는 아이 앞에서도 올바르게 반응하기 위해서는 어떤 선택을 해야 하며, 또 올바른 선택을 하도록 돕는 것은 무엇일까?

감정을 이기는 방법

　항상 그렇듯이 이 문제를 명쾌하게 해결할 수 있는 비법이란 없다. 하지만 '올바른 선택'으로 성공적인 결론을 이끌어낸 부모들의 예는 무수히 많다. 판에 박힌 어설픈 조언보다는 이를 통해 각자 자신의 경우를 재

구성하거나 돌이켜보는 보는 것이 훨씬 도움이 될 것이다.

내 친구에게는 이제 두 살과 네 살이 된 두 딸이 있었다. 내내 잘 놀고 있던 둘이 금세 무언가를 가지고 다투기 시작했다. 언니가 동생을 거칠게 밀쳤고 동생은 바닥에 넘어져 울기 시작했다. 콘서트에 가기 위해 준비를 서두르고 있는 부모의 눈앞에서 일어난 일이었다.

아빠 : (엄한 표정으로) 아냐, 사샤한테 사과해라.

아냐 : (화가 나서) 싫어.

아빠 : (소파에 앉는다) 이리 와라. (아냐의 손을 잡고는 눈을 쳐다보면서 천천히 말한다.) 사샤에게 가서 '미안해. 언니가 잘못했어.'라고 말해.

아냐 : (눈을 치켜 뜨면서) 싫단 말이야!

아빠 : 그렇다면 네 방으로 가서 마음을 가라앉혀라. 그리고 동생에게 미

　　　안하고 말할 수 있을 것 같으면 밖으로 나와라.

　큰 딸은 방으로 들어가서 문을 닫았다. 잠시 동안 정적이 흘렀다. 서두르지 않으면 콘서트에 늦을 것이다. 하지만 부모는 모든 행동을 멈추고 이 상황을 해결하는데 집중했다.

　"어떻게 생각해요, 저 아이가 얼마나 저 방에 있을까요?" 내가 물었다.

　"아무도 모르죠. 어쩌면 오 분, 아니면 삼십 분!" 아빠가 대답했다.

　다행히도 문은 금방 열렸다. 그리고 아냐는 동생에게 다가가서 조용히 말했다.

　"사샤, 미안해. 언니가 잘못했어."

　이 조그마한 사건은 30년 전에 일어난 일이다 하지만 나는 지금까지도 그것을 기억하고 있다. 아빠는 자신의 큰 딸이 자신의 행동에 책임을 지게 만들었다. 동시에 상냥함을 배울 수 있도록 아주 섬세하게 도움을 주었다. 여기에는 아주 작은 '소품'들이 의미 있게 사용되었다. 아이의 잘못된 행동에 대한 빠르고 침착한 반응, "너 왜 그랬어?" "또 네가 그랬어!" 하는 비판이 아니라 무엇을 해야 하는지에 대한 설명, 아이에 대한 관심 집중_{손을 잡고 눈을 바라본} 행동이 있었다. 그리고 무엇보다 중요한 것은 벌을 주는 부모의 말 속에 아이가 스스로 생각할 능력이 있으며 올바르게 행동할 것이라는 확고한 믿음이 있었다는 사실이다.

　이번에는 청소년 자녀를 둔 경우를 한 번 보자.

열다섯 살 레나는 여름 캠프에 갈 준비를 하고 있다. 작년에도 여름 캠프를 보냈었기 때문에 놀이기구를 타거나 개인적인 견학 등 캠프행사 이외의 여가를 위해서는 약간의 용돈이 필요하다는 것을 알고 있었다.작년에는 급하게 돈을 보냈다. 레나가 놀이동산에 가기 위해서 친구에게 돈을 빌렸기 때문이었다. 그래서 올해에는 다른 비용까지를 고려해서 용돈을 조금 여유 있게 주었다. 쓰임새 있게 사용하라고 당부했고, 레나 역시 그러겠다고 했다.

2주일이 지난 후 전화가 왔다. 레나였다. 돈이 다 떨어져서 전화비도 내지 못하고 견학도 가지 못하게 되었다는 것이었다. 레나의 부모님은 레나가 돈을 너무 경솔하게 사용을 한다고 생각했다. 그리고 작년에 이어 올해에도 이런 식으로 용돈을 요청하는 것이 마음에 들지 않았다. 레나의 부모님은 돈을 보내주지 않겠다고 했다. 레나는 애원했지만 한 번 정한 원칙을 어길 수 없다며 끝까지 거절했다. 레나는 단단히 화가 났다. 그리고 레나의 부모님은 레나의 낭비벽과 책임감 없는 생활을 걱정했다.

여름캠프에서 돌아온 레나는 내내 뾰루퉁해서 다니고 레나의 부모님은 레나와 말을 하지 않았다. 레나는 부모님과 되도록 얼굴을 부딪치지 않으려고까지 했다. 하지만 레나와 레나의 부모님 모두 이런 식으로 '냉전'을 지속할 수 없다는 생각에 대화를 시작했다.

레나 : 왜 저한테 그렇게 하시는 거죠?

엄마 : 그렇게 하다니 무슨 말이지? 난 이해를 못하겠구나.

레나 : 여름캠프 이야기예요. 아이들 모두 가지고 있는 돈을 다 써버렸어요.

엄마 : 그랬구나. 너도 그렇게 하고 싶었겠지. 하지만 우리는 네가 여름캠

프에서 쓸 만큼 용돈을 주었고 너는 용돈을 절약해서 쓰기로 약속했

잖아. 다른 아이들 이야기는 나는 잘 모르겠다. 걔들이 얼마를 받았

는지 또 걔들 부모가 어떻게 그 돈을 벌었는지…… . 솔직히 난 화가

났다. 내가 분명히 네게 말했잖아. 우리 집 형편이 그리 넉넉하지 않

다고, 그러니 아껴서 쓰라고 말이다. 난 네가 용돈을 아껴서 쓰고 일

부를 남겨서 다른 곳에 사용했다면 정말로 기분이 좋았을 것 같다.

레나 : 하지만 엄마 제가 용돈을 어떻게 쓰든 그건 제 마음이에요.

아빠 : 그래, 그건 네 말이 맞다. 하지만 네가 생각해봐야 할 문제가 있다.

아이가 어릴 때에는 응석을 받아주고 싶다. 어린 아이의 응석을 받

아주며 맛있는 음식이나 새 인형을 사주는 것은 아주 기분 좋은 일

이거든. 하지만 아이가 크면 부모는 아이와의 관계를 생각해 본단

다. 아이에게 선물을 했을 때 아이가 어떻게 반응하는가를 보게 되

지. 봐라! 지금처럼 아이가 가져가는 것만 익숙해져 있다면 어떻게

해야겠냐? 자기가 하고 싶은 대로만 하고 다른 사람에 대해서는 생

각을 하지 않는다면, 그리고 자기가 한 행동에 대해서 다른 사람이

어떻게 생각할까 전혀 생각하지 않는다면 말이다. 그렇게 되면 부

모는 응석을 받아주고 싶은 마음이 사라지게 된다. 그리고 현재의

관계가 아이에게 해만 된다는 것을 떠올리게 되는 것이지. 나는 그

렇게 하고 싶지 않다. 너는 내게 여전히 소중하기 때문이지. 우리는

항상 너에 대해서 걱정을 하고 있단다.

그래서 우리는 더 이상 너의 응석을 받아주지 않기로 했다. 나와 엄

마가 네게 정해진 용돈 이외의 돈을 주지 않은 것은 그 때문이다. 네

게는 용돈 이외의 여웃돈이 필요했겠지만 우리는 네가 용돈을 절약해서 쓸 것이라고 생각을 했다. 그런데 불행하게도 너는 그렇게 행동하지 않았다. 한 번 더 이야기를 하고 싶다. 우리는 늘 너에 대해서 걱정을 한다. 그래서 네게 해가 되는 행동을 하지 않기로 결정을 한 것이다.

엄마: 아빠와 나는 오랫동안 생각했다. 혹시 우리에게 할 말 있니? 네 질문에 대한 대답이 되었으면 좋겠구나.

레나 : (그 동안 눈물을 흘렸고 눈물을 닦았다) 예, 알겠어요. 그러니까 엄마 아빠에게는 저의 이기적인 행동이 마음에 안 드는 거죠. 생각해 볼게요.

이렇게 대화가 끝났다. 레나와 레나의 부모님은 마음이 한결 가벼워졌다. 저녁 식사 후에 레나가 엄마를 뒤에서 꼭 껴안더니 말했다. "엄마, 미안해요. 상 치우는 것을 도와주었어야 하는데. 다음에는 꼭 도와줄게요."

우리가 본 것처럼 레나와 레나의 부모님 사이에는 단지 감정의 골이 생겼다는 사소한 문제보다도 훨씬 더 큰 문제를 안고 있었다. 레나의 부모님은 레나가 원하는 것을 가능하면 들어주려고 노력했다. 레나 역시 부모님이 애써 번 돈을 소중하게 생각하고, 부모님의 부탁에 관심을 갖고 스스로 책임감 있는 행동을 해야 했다. 하지만 레나는 그렇게 하지 못했고 레나의 부모님은 대화를 통해 이제 새로운 관계의 정립이 필요한 시기라는 사실을 일깨웠다.

여기에서 '벌'은 어떤 식으로 이루어졌을까? 레나의 부모님은 레나가 용돈에 대해서 다시 생각할 수 있도록 용돈을 보내는 것을 거부했다. 그리고 대화를 하기 전까지 냉전을 지속했다. 냉전은 때때로 직접적인 벌보다도 훨씬 더 효과가 있다. 우리는 "그런 식으로 아무 말 없이 쳐다보지 말고 차라리 야단을 치세요." 라고 말하는 것을 자주 듣지 않는가!

사실상 레나가 부모님으로부터 직접적으로 받은 벌은 없다. 하지만 벌은 다른 형식으로 이루어졌다. 그리고 대화가 시작되었다. 눈여겨 볼 것은 이 대화에서 레나의 부모님이 자신의 생각과 느낌을 설명해주려고 노력했다는 것이다. 자신의 느낌을 이야기하고 아이의 이야기를 듣는 것은 아주 중요하다. 이것은 우리가 제3장에서 이야기할 '소통 훈련의 기본' 이다. 당신이 진심으로 자신에 대해서 이야기를 하면 아이는 당신을 신뢰하게 되고, 당신을 가장 가깝고 소중한 사람이라고 느낄 것이다. 마찬가지로 아이의 생각과 느낌에 대해 물어보는 것 역시 아주 중요하다. 아이의 말을 듣는 것은 '대화' 가 독백이나 넋두리, 혹은 설교처럼 변하지 않게 만드는 역할을 한다.

사실 레나와 레나의 부모님은 위기를 맞았다. 하지만 이 위기가 오히려 긍정적인 결과를 가져왔다. 대화를 통한 위기의 극복으로 이들 가족은 화목한 관계로 남을 수 있다는 희망을 붙잡은 것이다.

한 가지 예를 더 보자. 이 이야기는 현대 최면 요법의 아버지라고 불리는 밀톤 에릭슨Milton Erickson의 가족에 대한 내용이다. 여기에서 우리는 한 명의 꼬마 숙녀와 10년 뒤 그 아이의 변화된 모습을 한꺼번에 볼 수 있다. 밀톤 에릭슨의 딸인 크리스티가 30개월이 되었을 때였다.

어느 일요일 아침에 우리 가족은 모두 소파에 앉아서 신문을 읽고 있었다.

그런데 크리스티가 엄마에게 다가와서 신문을 낚아채더니 구겨서 바닥에 던졌다.

"크리스티! 예쁜 짓이 아니야. 신문을 엄마에게 가져다 줘. 그리고 '잘못했습니다'라고 말해."

엄마가 말했다.

"싫어."

우리는 돌아가면서 엄마와 똑같은 말을 했고 크리스티 역시 똑같은 대답을 했다. 나는 아내에게 크리스티를 데리고 침실로 가자고 했다. 나는 침대에 누웠고, 아내는 크리스티를 내 옆에 앉혔다. 크리스티는 나를 힐끔거리며 눈치를 살폈다. 크리스티는 그 불편한 자리를 벗어나려고 했다. 그때 나는 크리스티의 발목을 잡았다.

"놔줘!"

"싫어!"

작은 싸움이 일어났다. 크리스티는 빠져나가기 위해 안간힘을 썼다. 크리스티는 한쪽 발을 뺄 수 있었지만 다른 쪽 발은 여전히 내 손을 빠져나가지 못했다. 크리스티는 도저히 빠져나갈 수 없다는 것을 알고는 마침내 자신이 졌다는 사실을 인정했다.

"알았어. 신문 주워서 엄마한테 줄게."

나는 중요한 순간이 다가왔다는 것을 알았다. 그래서 "그럴 필요 없다."고 말했다.

그러자 크리스티는 한참을 생각하더니 다시 나에게 말했다.

"신문 주워서 엄마한테 주고 엄마한테 '잘못했습니다' 라고 할게."

"그럴 필요 없다."

이번에는 크리스티가 오랫동안 생각을 하더니 내 눈을 쳐다보고 말했다.

"신문 주워서 엄마한테 줄게. 신문을 줍고 싶어. 그리고 엄마한테 미안하다고 말하고 싶어."

"좋아."

크리스티를 향해서 미소를 지으며 말했다.

이 이야기 속에는 논의를 하고 싶은 순간들이 많다. 무엇보다도 먼저 '잘못했습니다' 라고 말하라는 것을 거절한 아이의 행동에 대해서 아빠가 빠르고 결단력 있게 반응했다. 어린 아이가 "싫어."라고 한 말을 에릭슨은 왜 그냥 지나칠 수 없다고 생각했던 것일까? 에릭슨은 크리스티의 "싫어."라는 말에는 단지 신문을 줍지 않겠다거나 엄마 아빠의 말을 듣지 않겠다는 의미뿐만 아니라 아이의 인격형성 과정에서 결코 있어서는 안 되는 무언가가 있다고 생각했다.

앞에서 살펴본 아냐와 레나 같은 아이들과 마찬가지로 크리스티에게도 규칙과 질서를 준수하고 다른 사람의 기분과 감정을 생각해야 한다는 마음을 가질 수 있도록 만드는 일에는 경험 많은 부모님의 도움이 필요했다. 비록 평범하지 않은 방법이지만 크리스티를 돕는 일은 아빠인 에릭슨에 의해 바로 실행되었다. 아이가 스스로 깨달을 수 있도록 오랫동안 기다려준 아빠의 인내심과 아이의 고집은 정말 놀라울 따름이다. 어쨌든 이 일은 크리스티와 에릭슨 모두에게 아주 중요한 의미가 있었다.

먼저 에릭슨은 물리적인 힘을 동원해서 규칙과 질서를 준수해야 하며 잘못된 행동을 하면 그에 상응하는 벌을 받는다는 것을 아이에게 가르쳐 주었다. 물리적인 힘을 동원한 이유는 아이가 아직 어리기 때문에 말로 설명해서는 이해시킬 수 없었기 때문이다. 하지만 에릭슨은 일반적인 체벌이 주는 고통을 아이에게 주지 않았다. 단지 그는 발목을 잡아서 아이의 행동_{자유}을 제한했을 뿐이지만 아이는 부모라는 존재가 가진 힘을 느끼게 되었다.

그 다음으로 에릭슨은 크리스티의 생각을 바로잡아 주었다. 첫째로, 아이가 대답한 것과 똑같이 대답함으로써_{싫어} 아이가 상대편의 입장에서 자신의 행동을 볼 수 있도록 도와주었다. 이러한 배려와 도움이 없었다면 두 살짜리 아이가 자신의 행동에 대해서 생각을 한다는 것은 불가능했을 것이다. 그런데 이상하게도 에릭슨은 아이가 주위에서 요구하는 것에 동의한 후를 '중요한 순간'이라고 했다. 왜 그랬을까? 도대체 왜 에릭슨은 이 순간을 '중요한 순간' 이라고 하는 것일까? 그리고 왜 자신의 잘못을 인정한 아이에게 "그럴 필요 없다."라고 대답하는 것일까?

에릭슨의 이런 행동을 통해 우리는 그의 목적이 아이에게 '올바른 대답' 과 같은 외적인 행동을 얻으려는 것이 아님을 알 수 있다. 그는 "그럴 필요 없다."라고 대답하며 아이가 생각할 수 있도록 만들었다. 그리고 그 과정을 통해 아이가 대답만이 아닌 더 중요한 무언가가 있음을 이해하게 만들었다. 아빠인 에릭슨의 도움과 안내에 따라 아이는 자신의 잘못을 추측하지만 에릭슨은 "그럴 필요 없다."는 똑같은 대답으로 아이의 답변이 옳지 않음을 가르쳐준다. 이런 시행착오를 통해 아이는 결국 스스로의 힘으로 자신의 잘못을 깨닫는다. 그리고 아이가 '원한다' 는 말을 하게 되었을 때 비로소 아이가 자신의 행동에 대해서 제대로 이해했다고 생각하며 아빠인 에릭슨은 아이에게 미소를 지어 보였다.

에릭슨의 생각처럼 아이는 정말 이해했을까? 그렇다면 이후에는 아이가 항상 올바른 행동을 할까? 에릭슨의 다음 이야기를 보자.

하루는 두 딸이 엄마한테 마구 소리를 지르며 화를 내기 시작했다. 나는 아이들을 불러서 말했다. "저기 구석으로 가서 벽을 보고 서 있어! 엄마한테 그렇게 못되게 구는 것은 옳지 않다. 저기에 서서 아빠 말이 맞는지 한 번 생각해 봐!"

"엄마한테 소리치는 것은 옳지 않다고 생각해요. 엄마한테 가서 미안하다고 할게요." 록시가 말했다.

"칫! 좋아요, 난 밤새도록 서 있겠어." 크리스티가 말했다.

나는 계속해서 글을 쓰고 있었다. 한 시간이 지난 후에 나는 크리스티를 보았다. 한 시간 동안 서 있는 것은 그렇게 쉬운 일이 아니지만 크리스티는 잘 버텼다. 나는 고개를 돌리고 계속해서 일을 했다. 다시 한 시간이 흘렀다. "이런 시계 바늘이 아주 천천히 가기 시작하네." 크리스티가 있는 방향으로 고개를 돌리며 말했다. 다시 삼십 분이 지난 후 나는 원고를 정리하고 자리에서 일어서며 말했다. "네가 엄마한테 한 행동은 아주 나빴어. 그렇게 소리치는 것은 어떤 경우에도 용납할 수 없는 일이야."

"나도 그렇게 생각해, 아빠."

크리스티는 울면서 나에게 와서 안겼다. 나는 크리스티가 두 살 때부터 열두 살이 되기까지 10년 동안 벌을 주지 않았다. 그리고 크리스티가 열다섯 살이 되었을 때 나는 다시 한 번 크리스티에게 벌을 주었다. 그렇게 단 세 번의 벌, 그것이 전부였다.

에릭슨의 첫 번째 벌, 즉 자신의 딸에 대한 최초의 걱정과 현명한 대처가 크리스티의 10년을 지켜주었고 전 생애 동안에는 겨우 '세 번'의 벌이 필요했을 뿐이다. 에릭슨의 행동은 심리학적으로뿐만 아니라 교육학적으로도 아이를 위한 아버지의 올바른 행동이라고 받아들일 수 있을까? 내 생각에는 그렇다.

몬테소리도 이와 비슷한 이야기를 했다. 몬테소리는 아이들이 어떤 일을 열심히 하고 있을 때에는 절대로 방해하지 말라고 했다. 아울러 몬테소리는 아이들에게 욕이나 불친절한 행동, 그리고 다른 사람을 방해하는 행동을 절대로 하지 못하게 했다. 이런 경우가 발생하게 되면 몬테소리는 다음과 같이 이야기했다.

아이가 선과 악을 선명하게 구별할 수 있도록 하기 위해서 금지된 행동을 했을 때에 아주 엄한 표정과 절제된 동작으로 그 행동의 잘못을 지적하고 벌해야 한다.

'선과 악'을 구별하는 아이의 능력을 몬테소리는 '원칙의 출발점'이라고 생각했다. '자유' '독립' '선善' 그리고 동시에 '차단' '불허' '금지'와 같은 단어들이 교육자들의 입장을 대변하는 것은 다 이유가 있다. 이러한 입장들 중에서 가장 중요한 것은 '아이에 대한 무조건적인 엄한 행동'과 '현명한 이해'라는 특이한 조합이다.

일반 법칙

아이를 어떻게 벌할 것인가에 대한 결론을 내릴 때가 되었다. 부모라면 누구나 자신의 아이들이 훌륭한 교육을 받고, 감정을 잘 다스리며, 성격 좋은 그리고 성공한 아이로 커나가기를 바라는 마음을 가지고 있다. 더불어 부모들은 자신의 아이들과 좋은 관계를 유지하고 싶어 한다. 이미 언급한 예들을 통해 많은 생각이 떠오를 것이다. 그럼에도 벌을 주는 방법이나 그에 따른 설명에 동의하지 못하는 독자들이 있을지도 모르겠다. 하지만 지금까지 한 이야기들은 아이들을 위해서, 그리고 아이들과 좋은 관계를 유지하기 위한 하나의 참고자료라고 여겼으면 좋겠다.

현명한 부모라면 누구나 아이들과의 문제를 해결하는 자신만의 방법을 가지고 있다. 그러나 그 방법은 사람들이 수긍할 수 있는 일반적인 원칙을 벗어나서는 안 된다. 이제부터 정리할 일반적인 원칙은 아이에게 벌을 줘야 하는 상황에서 반드시 기억해야 하는 것과 절대로 해서는 안 되는 것을 정리한 내용들이다.

- 잘못에 대해 전혀 벌을 주지 않거나 시간이 지난 후에 벌을 주어서는 안 된다. 벌이란 것은 규칙을 어겼을 때, 잘못된 행동 또는 불친절한 행동을 했을 때 바로 이루어져야 효과가 극대화된다. 이때 아이의 나이는 상관이 없다. 아이가 어리면 어릴수록 '무조건적인 법칙'을 훨씬 더 잘 이해하고 받아들인다.

- 벌은 아이가 받아들일 수 있는 정도이어야 한다. 벌은 규칙의 중요성을 알려주는 것이지 '복수'를 하는 것이 아니다. 그러므로 어린 아이에게는 '구석에 서있기'라든가 '생각의자에 앉아있기' 등이 알맞다.

- 아이에게 모욕감을 주는 벌을 주어서는 안 된다. 이 말은 벌을 줄 때 상스러운 소리나 욕을 해서는 안 된다는 것이다.

- 체벌體罰은 절대로 안 된다. 체벌은 아이에게 모욕감을 줄 뿐만 아니라 아이에게 분노를 경험하게 만든다. 체벌은 관계를 좋게 하는 것이 아니라 그 반대로 아이와 관계를 나쁘게 만들며 아이의 지적 능력의 성장을 방해한다.

- 벌을 주는 의미는 주어진 규칙을 준수하는 것이 중요하다는 것을 알리는 것임을 기억하는 것이 중요하다. 그러므로 만약에 아이가 그것을 어

겼을 때에는 반드시 반응하는 것이 중요하다.

- 벌을 주기 전에 무엇이 잘못되었는지를 아이에게 설명해야 하며(가능하면 짧게) 아이가 어떻게 해야 하는지를 구체적으로 설명해주어야 한다.

- 벌을 줄 때에는 침착하게 그리고 부드러운 말투로 한다.

사실 교육적인 힘의 원천은 어른의 권위이다. 권위는 스스로 만드는 것이 아니라 아이의 내부로부터 만들어지는 것이다. 그러므로 권위가 바로 서 있어야 한다. 그 다음에 인생에 대한 올바른 태도도, 갈등 없이 부드럽게 대화하기도, 아이의 인성의 발달에 대한 걱정도 있는 것이다.

그럼에도 불구하고 벌을 줄 것인가, 어떻게 줄 것인가의 문제를 아주 심각하고 중요하게 고민하고 있다면 중요한 시기에 어른들이 해야 할 무언가를 빠뜨렸다는 신호이다. 독자 여러분들은 그런 잘못이 없기를 바란다. 더불어 이곳에 나온 내용들을 지켜서 벌罰에 대한 독자들의 문제가 일정 정도 해결될 수 있기를 바란다.

chapter 03

아이들을 성장시키는 것들

농담과 웃음

아이들은 어른들보다 훨씬 더 활동적이다. 그래서 아이들은 밋밋하고 단순한 형태의 놀이나 일을 참지 못한다. 마찬가지로 아이들은 늘어지는 설교, 정해진 일과를 힘들어한다. 아이들은 무언가 '우스꽝스러운 행동' 이나 수다를 떨고, 뛰어다니고 싶어 하는 등 '고요함' 을 깨뜨리고 싶어 하기 때문이다. 아이들이 잠자리에 들기 전에 자주 하는 배게 싸움은 아이들의 이런 특성을 잘 드러내는 예 중의 하나이다.

'인간은 가볍게 움직여야 한다.' 라는 말이 있다. 내가 잘 아는 누군가 는 이 '가볍게 움직인다' 는 말이 슬플 때는 미소를 머금어야 하고, 확신 하고 있을 때에는 의심을 할 줄 알아야 하며, 진지할 때에는 농담을 할 줄 알아야 한다는 뜻이라고 했다. 그런 의미에서 아이는 쉬지 않고 '가볍게 움직인다' 그것이 아이들의 본성이다.

이런 아이들의 본성이 잘 발현되는 놀이와 '일' 에 부모가 함께한다는 것은 아이들 입장에서 보면 그 자체로 커다란 선물이다. 함께 놀거나, 함께 생각하고 함께 웃는 것만큼 우리를 아이들과 가깝게 만들어주는 것은 없다. '함께 가볍게 움직이는 순간'에 신뢰가 쌓인다. 아이는 부모가 자신을 이해하고 있으며 특별한 존재로 받아들인다는 것을 느낀다. 그렇게 되었을 때 아이는 어른들의 이야기를 받아들일 준비가 되는 것이다. 때로는 교육적인 설교보다 아이들과 주고받는 농담이나 유머 그리고 함께 한 웃음이 더 교육적이다.

한 가족이 살고 있었다. 목욕탕 안쪽에는 벽에 온수 파이프가 있고 그 아래에 작은 탁자가 놓여 있다. 온수 파이프는 일반적으로 수건을 말리는 데 쓰였다. 아이가 자신의 젖은 운동화를 이 온수 파이프에 걸쳐 놓았다. 그런데 그만 한쪽 운동화가 바로 밑에 있던 변기에 빠져버렸다. 욕실에 들어간 아빠가 바로 나왔다. 아빠의 손에는 푹 젖은 운동화가 들려 있었다.

아버지는 아들에게 뭐라고 말했을까? 아마도 보통의 아버지라면 이런 식으로 말하지 않았을까 싶다.

"미샤, 너 운동화가 생각하지 않은 곳으로 빠질 수 있으니 조심했어야지."라거나 "미샤, 온수 파이프는 수건 말리는데 쓰는 것이지 운동화를 말리는 것은 좀 그렇잖아." 또는 약간 화가 난 듯한 목소리로 "너 운동화 말릴 데가 그렇게 없었냐!"

이 이야기에 나온 아버지는 우리가 알고 있는 보통의 아버지는 아니었던 모양이다.

"미샤, 미안하지만 내가 변기에서 네 운동화를 잠깐 꺼내면 안 될까? 지금 내가 급히 변기를 좀 사용을 해야 하거든. 일 끝내고 다시 그 안에다 넣어둘게."

"예, 아빠! 그렇게 하세요." 웃으면서 아들이 대답했다.

이 장면은 가족 모두에게 웃음을 주었다. 뿐만 아니라 누구나 이야기를 웃으면서 들을 수 있다. 이쯤 되면 이후에 운동화가 어떻게 되었는지 또는 가족 사이에 다른 무슨 일이 있었는지는 중요하지 않다. 다른 예를 한번 보자.

내 친구는 열두 살짜리 딸이 잘 씻지도 않고 자신의 주변을 너무 정돈하지 않고 다니는 문제로 오랫동안 고민을 했었다. 그즈음 그는 딸의 게으름에 대해서 한탄하듯 말하는 경우가 자주 있었다. "어떻게 된 애가 아침에는 잘 일어나려고 하지 않아. 겨우 일어나서는 씻으려고 하지를 않는 거야. 도대체 무슨 생각을 하는지 모르겠어. 또래 여자 아이들 같이 옷을 예쁘게 차려 입으려고도 하지 않고, 자기 물건이 아무렇게나 굴러다녀도 치우려고 하지를 않아. 어떻게 해야 하지?"

친구 부부는 아이가 잘 알아들을 수 있도록 타이르기도 하고 "넌 여자아이야." "네 꼴을 좀 봐라!" "어떻게 그렇게 다닐 수 있냐?" 등의 말로 따끔하게 야단을 치기도 했지만 아무런 소용이 없었다.

고민 끝에 친구부부는 영국의 작가인 러디어드 키플링의 시를 이용해 보기로 했다. 시를 프린트한 다음 딸 아이 앞으로 편지를 보냈다. 보내는 사람에는

'러디어드 키플링, 영국' 이라고 썼다. 편지를 받은 딸은 시를 읽기 시작했다.

낙타의 혹

이렇게 못생긴

혹을 나는 많이 봤다.

하지만 이 동물의 혹보다도

더 못생긴 것이

나와 당신에게서 자란다.

씻지 않고, 빗지 않고, 더러운 모습으로

할 일 없이 어슬렁거리는

모든 사람에게

혹이 나온다.

털이 나고, 휘어져 있고, 이상하게 생긴 혹.

우리는 낮 열두 시까지 잔다.

휴일에도 평일에도

깨어나서 우울하게 쳐다본다.

야옹 거리고, 멍멍 거린다.

그리고 때수건과 비누에게 화를 낸다.

내 조언은 다음과 같다.

조용한 것은 버려라!

기분 좋게 일을 하라!

우울해하지도 말고, 늦게까지 자지도 말아라!

땅을 파라!

땀이 나도록 땅을 파라!

아이의 눈이 동그래졌다. "어떻게 나에 대해서 이렇게 잘 알까?" 친구부부 역시 알 수 없다는 표정을 지었다. 편지 봉투에 적힌 주소를 확인한 아이는 정말 놀라게 된다. "맙소사! 외국에까지 알려졌단 말이야!"

그날 이후로 이 아이가 완전히 다른 아이가 된 것은 아니었다. 하지만 아이가 받은 충격은 좋은 계기가 되었고 아이는 점차적으로 변화해갔다.

이렇게 충격요법을 쓰지 않고 다른 방식으로 문제를 해결한 부모의 이야기도 있다. 이 부모님은 눈높이를 맞춘 대화를 통해 아이의 나쁜 습관을 고치는 현명한 방법을 찾아내었다.

두 살짜리 여자 아이가 고집스러운 모습으로 자신의 침대에 서 있다. 세상의 어떤 힘도 아이를 침대에 누이지 못할 것 같다. 하지만 부모님은 딸아이에게 다가가서 이렇게 말을 건넨다.

"네 토끼는 어떻게 자야 하는지 몰라."

"아니야, 토끼는 다 알아."

(아이가 토끼를 침대에 내려놓는다.)

"네 토끼는 어떻게 머리를 베개에 놔야 하는지 몰라."

"아니야, 토끼는 다 알아!"

(아이가 토끼를 반듯하게 누인 뒤 자기도 그 옆에 눕는다.)

"네 토끼는 어떻게 조용히 누워 있어야 하는지 몰라."

"토끼는 다 알아."

(아이는 이제 아무 말도 하지 않고 가만히 누워 있다.)

"하지만 토끼는 눈을 어떻게 감아야 하는지 몰라."

"토끼는 알아!"

(눈을 감고 잠이 든다.)

반대적인 행동

지금까지 우리는 아이의 잘못을 직접적으로 지적하는 방법뿐만 아니라 유머러스한 '우회적인 행동' 역시 굉장히 효과적이라는 것을 알게 되었다. 이런 우회적인 행동과 더불어 또 하나의 효과적인 방법은 아이들이 예상치 못하는 행동을 부모들이 직접 보여주는 것이다.

딸에게 방 청소, 물건 정리를 하라고 말하는데 지친 한 엄마가 결심을 했다. 제자리에 있지 않은 딸의 물건들을 모두 모아서 딸의 방문 앞에 쌓아 놓기로 한 것이다. 방 안으로 들어가던 아이는 쌓여있는 물건에 발이 걸렸다. 무심결에 지나치려던 아이는 그것이 자신의 것임을 발견했다. 그리고 그 물건을 만지작거리다 자신의 방으로 가지고 들어갔다. 뭔가 새로운 느낌을 받은 것 같았다. 딸의 방이 깨끗해지기 시작했다.

다른 엄마의 예기치 못한 행동을 보자.

네 살짜리 여자 아이가 아침부터 옷을 입지 않겠다며 투정을 부리고 있다. 아이는 손에 잡히는 대로 옷을 집어 던져서 옷이 온 방을 날아 다녔다. 엄마는 아이에게 원칙을 가르쳐주는 대신일반적으로 엄마가 했던 행동 아이의 행동을 따라 했다. 엄마가 스타킹을 머리 위로 던졌다. 잠시 뒤 여자 아이는 블라우스를 던졌다. 엄마는 파자마를…… 이렇게 마구 던져진 옷가지들이 웃음소리와 함께 점점 늘어났다. 2층 계단을 쿵쾅거리며 열 살짜리 아들이 왔다. "뭐 하는 거야? 나도 해도 돼?" 엄마가 고개를 끄덕여주었다. 허락을 받은 아들이 동생의 옷장을 열더니 옷걸이에 걸린 옷들을 마구 던지기 시작했다. 얼마 지나지 않아 딸이 웃음을 멈추고 말했다. "오빠, 이제 그만 해! 이제 정리해야 할 것 같아." 그 이후로 딸은 비슷한 투정을 부리지 않았다.

마찬가지 주제에 대한 재미있는 이야기가 알렉산더 닐의 책에도 나온다.

　　어느 날 여자 아이들 기숙사의 사감舍監선생님이 내게 와서 말했다.

　　"선생님, 밀드레드가 일주일째 씻지 않고 있어요. 지저분한 것도 지저분한 것이지만 이제 몸에서 나는 냄새가 너무 심해요. 어떻게 해야 하죠?"

　　"저한테 보내세요."

　　곧바로 밀드레드가 불려 왔다. 떡진 머리와 눈곱이 낀 밀드레드의 얼굴은 너무 지저분했다.

　　"얘야, 그렇게 하면 못써." 내가 엄한 표정을 지으며 말했다.

　　"하지만 전 씻고 싶지 않아요." 밀드레드가 들릴 듯 말 듯 중얼댔다.

　　"입 다물어. 누가 지금 씻으라고 하는 거야? 거울을 한번 봐!"

　　밀드레드는 벽에 걸린 거울을 보았다.

　　"네 얼굴이 어떤 것 같아?"

"깨끗하지는 않은 것 같아요. 안 그래요?" 미소를 머금고 밀드레드가 물었다.

"네 얼굴은 너무 깨끗해. 나는 우리 학교에 너같이 깨끗한 얼굴이 있다는 것을 참을 수가 없어. 지금 당장 나가거라."

밖으로 나간 밀드레드는 얼굴을 숯으로 칠해서 까맣게 만든 뒤에 다시 돌아왔다.

"이렇게 하면 어때요?"

나는 아주 조심스럽게 밀드레드의 얼굴을 살펴보았다.

"아니야, 아직 멀었어. 여기 이 뺨에 아직도 하얀 부분이 있잖니."

낄낄거리며 내 방을 나간 밀드레드는 그날 밤 목욕을 했다. 왜 그랬는지는 정확히 모르겠다.

누군가 "왜 아이들이 갑자기 180도 정반대의 행동을 할까요?" 라고 질문한다면 나 역시 정확히 알지는 못한다. 하지만 이에 대해서 추측해 볼 수는 있다. 아이들이 말을 듣지 않는 것은 어른들의 지겨운 요구에 대해 자신의 '반대 의견'을 드러내는 것이다. 이때 어른들이 아이들의 예측과 정반대로 행동할 경우에 아이들은 어른들이 갑자기 자신의 편에 서 있다는 느낌을 갖게 된다. 아이들은 더 이상 싸울 대상이 없어지게 되기 때문에 정상적인 질서 속으로 돌아오는 것이 아닐까 싶다.

유머 감각

그렇다면 항상 말을 잘 듣는 아이는 아무런 문제가 없을까? 말을 잘 듣는 아이에게는 이제까지와는 반대되는 문제가 발생한다.

이 아이들은 '올바른' 행동을 하려고 노력하고 규칙을 어기지 않으려고 하기 때문에 때로는 지나치게 규칙과 질서에 얽매이게 된다. 이런 아이들을 위해 부모는 규칙이나 질서의 범위 안에서 자유로울 수 있다는 것을 가르쳐주거나 보여줘야 한다. 흔히 '상류층'이라고 불리는 사람들은 자신의 의연함과 여유로움을 보여줌으로써 사회 속에 있는 자신의 존재를 표현한다. 하지만 이를 위해서는 내부적인 해방과 유머 감각이 필수적이다.

옛 러시아의 귀족들은 여유로움과 '불편한 것'에 대한 유머러스한 접근을 교육받았다. 레프 톨스토이의 자전적 성장소설인 『유년 시절』 『소년 시절』 『청년 시절』에는 이 주제에 대한 훌륭한 일화가 나온다.

주인공인 니콜렌카는 그때 아마 열 살 정도 되었을 것이다. 니콜렌카의 집에서 무도회를 하게 되었다. 모든 행사준비가 끝나고 치장을 한 손님들로 집 안이 북적댔다. 니콜렌카 또래의 여자 아이들도 여럿 와 있었다. 이제 무도회가 시작되려고 했다. 큰 형이 무도회장으로 내려갈 때가 되었음을 알렸다. 막 계단을 내려가려고 했을 때 니콜렌카는 자신이 흰 장갑을 끼지 않았다는 것을 알게 되었다. 춤추는 사람이라면 누구나 장갑을 껴야 했다. 니콜렌카는 방 안의 모든 서랍을 뒤졌지만 흰 장갑은 없었고 겨우 찾아낸 것이 검은 색 염소가죽 장갑이었다. 오래되고 더러웠다. 게다가 가운데 손가락도 없었다. 이 검은 색 염소가죽 장갑 밖에 없는 상황을 니콜렌카는 절망스러워했다. 니콜렌카는 하는 수 없이 이 장갑을 끼고 무도회장으로 내려갔다. 잉크로 검게 칠해진 채 슬픈 표정으로 삐죽 나온 자신의 가운데 손가락을 쳐다보았다. 니콜렌카는 서둘러서 손님들이 있는 곳으로 갔지만 자신이 바보 같은 장갑을 끼고 있다는 사실을 숨기고 싶어 했다. 할머니가 앉아 있는 의자로 조심스럽게 다가가서 니콜렌카는 자신에게 일어난 불행에 대해서 이야기를 시작했다.

"할머니! 어떻게 해야 하죠? 장갑이 없어요."

"이건 뭐냐?" 할머니가 나의 왼손을 잡았다.

"부인, 여기 좀 보세요. 이 젊은이가 당신의 딸과 춤을 추기 위해서 어떻게 멋을 부렸나 말이에요." 할머니는 옆에 있는 발라히나 부인에게 말을 했다.

주위에서 깔깔거리는 소리가 들릴 때까지 할머니는 내 손을 꼭 잡고 놓아 주지 않았다. 나의 고통이 사람들에게는 통쾌한 즐거움인 것 같았다. 나는 너무 창피해서 있는 힘을 다해 도망치려고 했다. 하지만 저 쪽에 서 있는 나의 아름다운 소네치카도 맑은 웃음소리를 내며 미소 짓고 있었다. 갑자기 기분

이 좋아졌다. "소네치카, 이렇게 서로를 보면서 웃는 동안에 마치 우리가 더 가까워진 것 같아. 그렇지 않아?" 나는 소네치카에게 춤을 추자고 했고 그녀는 내 손을 잡아주었다.

톨스토이는 니콜렌카의 이름으로 이 이야기의 끝을 맺는다.

그 무도회에서 나는 어쩌면 장갑 때문에 정말 바보 같은 상황에 처했을지도 모른다. 하지만 그 바보 같은 상황은 결과적으로 내가 항상 겁을 먹고 바라보았던 무도회의 세계로 성큼 한 걸음 들어서는 좋은 일이 되었다. 이제 더 이상 나는 무도회장에서 수줍어하거나 부끄러워하지 않는다.

톨스토이는 이 작품에서 한 남자 아이가 수줍음과 부끄러움으로부터 탈출해서 어떻게 자유스럽게 되는지를 정확하고 섬세하게 보여주고 있다. 그는 마찬가지로 할머니의 유머러스한 현명함을 보여주었다. 할머니는 유머가 필요 없는 긴장감을 해결할 수 있다는 사실을 잘 이해하고 있었던 것이다.

이번에는 일상적으로 흔히 있는 경우를 보자.

3명의 어른들과 세 살에서부터 열두 살까지의 6명의 아이들이 음식이 푸짐하게 차려진 식탁에 둘러앉았다. 어른들은 자리에 앉자마자 아이들을 조용히 시켰다. 식사가 진행되는 동안 내내 아이들의 흐트러진 행동에 눈치를 주면서 아이들이 '예의 바르게' 행동하는지를 주의 깊게 살피고 있었다. 조용해진 아이들은 '바른 자세를 유지하려고' 애썼다.

그런데 갑자기 집주인 아저씨가 한 세 살쯤 되어 보이는 여자 아이의 벌거벗겨진 플라스틱 인형을 집어 들었다. 집주인 아저씨는 인형을 장난스럽게 잡더니 레초 헝가리 음식으로 고추 토마토 등 찐 야채를 삶아서 만든 음식으로 프랑스의 라따뚜이와 비슷하다. -옮긴이 병 속에 넣었다. 인형은 반쯤 차있는 토마토소스와 고추 사이에서 우스꽝스럽게 구겨지고 있었다. 집주인 아저씨의 갑작스러운 행동으로 순간적으로 조용해졌지만 이내 모두 웃음을 터트렸다. 집주인 아저씨가 인형을 꺼내서 냅킨으로 닦아주는 동안 점차 웃음소리가 잦아들었다. 그때 집주인 아저씨가 다시 인형을 병 속에 집어넣었다. 모든 상황이 반복되었다. 잠시동안 소란스러워졌다가 다시 잠잠해졌다. 아이들은 재미있어했다.

안주인이 계속해서 남편에게 눈짓을 했다. '장난꾸러기' 집주인 아저씨는 곁눈질로 아이들을 보면서 말을 잘 들을 것 같은 우울한 표정을 지었다. 아이들의 얼굴에는 기쁨의 표정이 역력했다. 그리고 마침내 인형이 세 번째로 병

으로 직행하고 아이들은 배를 잡고 깔깔거렸다. 우리는 그럴 줄 알았다! 그리고 이번에는 아이들이 직접 인형을 레초 병 속에 집어넣었다. 처음과 똑같은 상황이 계속되었다. 아이들은 돌아가면서 두 번 정도 더 장난을 치며 놀았다. 마침내 모두가 "이제 됐어. 너무 많이 웃었어. 이걸로 충분해."라고 생각하기에 이르렀다. 아이들은 더럽혀진 손과 인형을 물로 씻었다. 어른들은 진지한 대화를 시작했다. 집으로 돌아갈 시간이 되었을 때 세 살짜리 꼬마 손님이 "엄마, 우리 여기서 살면 안 돼?"라며 애원하는 눈빛으로 엄마에게 말했다.

잘 알고 있듯이 게임과 농담은 사람들 사이의 긴장감을 해소해준다. 여기에 덧붙여 우리가 기억해야 할 한 가지가 있다. 어른들의 가슴 속에 남아있는 어린아이 같은 마음과 만난 아이들은 모두 행복한 선물을 받은 것처럼 기뻐한다는 것이다.

상상의 세계

아이의 마음은 항상 공상과 상상 그리고 놀이로 채워져 있다. 특히 유치원생 정도의 아이들은 '두 개의 세계'에서 살고 있다. 그것에 대해서 러시아의 아동 심리학자인 마리아 오소리나는 자신의 책 『아이들의 비밀스러운 세계』에서 다음과 같이 쓰고 있다.

집에 있는 동안에도 아이는 두 개의 다른 세계에 존재하고 있다. 하나는 어른들이 보호해주고 만들어준 익숙한 것들로 가득한 세계이고 다른 하나는 평범한 세계 위에 존재하고 있는 혼자만의 상상의 세계이다. 아이에게는 그 세계가 실제로 존재하지만 다른 사람들은 보지 못한다. 특히 어른들은 그 세계에 도저히 접근할 수가 없다. 하나의 물건이 두 세계에 서로 다른 모습으로 존재하는 것이다. 예를 들어 검은 외투가 걸려있다면 아이에게는 검은 외투와 동시에 뺨에 흉터를 가진 무서운 사내까지 보이는 것이다.

아이가 가진 상상의 세계는 동화의 세계이자 자신만의 생각과 이야기가 있는 공상의 세계이다. 그곳에는 다양한 인물들이 살고 있으며, 항상 특별한 사건들이 생긴다. 그곳에서는 '작가'가 주인공일 경우가 많다. 만약 어른들이 말 그대로 '두 개의 세계'에 대해서 알지를 못한다면 절대로 아이를 이해할 수 없다.

어느 날 세 살짜리 남자 아이의 엄마가 심리학자를 찾아왔다.

우리 아이가 좀 이상한 것 같아요. 전쟁터에 갔는데 그곳에서 다리를 다쳤다고 하면서 다친 곳을 가리키는 것이에요. 저는 "무슨 말이야, 무슨 전쟁? 어디를 다쳤다고?" 하고 물었죠. 그러면 아들은 들은 척도 않고 한 곳을 가리키면서 칭얼대요. 벌써 며칠째 이러고 있어요. 아이의 정신에 문제가 있는 것은 아닌가요?

이 엄마는 아이의 세계에 대한 이해가 부족하다. 아이들을 주의 깊게 관찰하고 그들의 세계에 대해 애정을 가지고 있는 어른들, 특히 직업상 아이들과 많이 지내고 대화를 많이 하는 어른들은 아이의 상상의 세계에 대해서 잘 이해하고 있다. 그러므로 우리에게 그것을 이해할 수 있도록 도와준다. 오소리나가 쓴 책의 한 부분을 다시 보자.

아이는 수프가 담겨 있는 그릇 속에서 해초와 침몰한 배가 있는 바다 속의 세계를 보았다고 했다. 엄마는 아이가 보았다고 말하는 세계에 대해 아무런 의심도 하지 않았다. 숟가락으로 수프를 저으면서 아이는 지금 자기 이야기 속의 주인공이 높은 산의 계곡을 넘어가는 중이라고 생각했다.

때때로 부모님들은 아침에 자기들 앞에 자기 아이의 모습을 한 다른 누군 가 혹은 무언가가 앉아 있을지도 모른다고 생각하기도 했다. 앞에 앉아 있는 아이 가 딸인 나스짜인지 아니면 털 많은 꼬리를 감추고서 먹을 것을 달라고 하는 여우인지 알 수가 없었다. 이런 곤경에 빠지지 않기 위해서 불쌍한(?) 어른들 은 아이에게 오늘은 어떤 일이 일어나고 있는지 미리 물어보는 것이 좋다.

아이들과 수십 년 동안 대화를 나눈 닐은 다음과 같이 이야기해 준다.

서머힐에서 여섯 살짜리 아이들은 하루 종일 자신의 상상 속에서 논다. 어 린 아이들에게 상상과 현실은 매우 비슷하다. 열 살짜리 남자아이가 유령분 장을 하고 나타나면 아이들은 환호성을 올리며 좋아했다. 아이들은 이 유령 이 토미라는 사실을 알고 있었다. 왜냐하면 토미가 유령으로 분장하는 모습 을 지켜보았기 때문이다. 하지만 유령이 그들을 덮쳤을 때 아이들은 정말로 무서워하면서 소리를 질렀다.

나는 아이들이 보고 있는 상상과 실제 사이의 경계가 어디인지 알 수가 없었다. 인형을 위해 작은 장난감 그릇에 음식을 담아주는 아이는 인형이 살아 있다고 믿는 것일까? 목마를 타고 있는 아이는 목마가 진짜 말이라고 생각하는 것일까? '발사!' 라고 소리치며 장난감 총을 쏘는 아이는 정말로 자신이 총을 가지고 있다고 믿는 것일까?

내가 보기에 장난감 놀이에 열중하고 있을 때 아이들은 이 장난감들이 실제로 존재하는 것들이라고 생각한다. 하지만 어른들이 눈치 없이 끼어들어서 방해를 하게 되면 아이들은 지금 눈앞에 펼쳐지는 일들이 상상 속에서 일어난 것이란 사실을 눈치 채게 되고 '땅 위' 로 내려온다.

왜 아이들은 '하루 종일' 놀면서 자신의 상상의 세계를 만드는 것일까? 무엇 때문에 이것이 필요한 것일까? 왜냐하면 아이들은 상상과 놀이를 통해서 복잡한 구조로 되어 있는 세계, 질서, 사회적 역할, 인간 상호관계 등 어른들의 세계를 체득하기 때문이다. 아이는 자신을 군인, 파일럿, 장군이라고 상상을 하면서, 그리고 상상 속의 주인공이 되어 직접 행동하면서 그들의 성격과 행동, 영웅주의 그리고 고결함을 배우고 느낀다.

알렉산더 닐은 "현명한 부모는 아이의 환상적인 세계를 결코 무너뜨리지 않는다." 라고 했고 러시아의 심리학자인 다닐 엘리코닌은 "아이들에게 놀이는 도덕을 배우는 학교이다. 이때의 도덕은 주어진 것이 아니라 행동을 통해서 스스로 얻는 것이다." 라고 했으며 폴란드의 작가이며 심리학자인 야누스 코르차크는 "놀이를 좋아하는 것은 창피한 일이 아니다. 아이들만을 위한 놀이라는 것은 없기 때문이다." 라고 이야기했다.

이와 같이 경험이 많은 교사나 아동심리학자들이 아이들의 놀이와 상상 그리고 공상에 진지하게 접근을 하는 것은 바로 이 때문이다.

그러므로 놀이에 참여할 때에는 진지함을 유지하는 것이 중요하다. 부모님들이 아이들의 놀이에 적극적으로 참여하는 것은 매우 좋은 일이다. 왜냐하면 이런 경우에 아이들은 행복을 느낄 뿐만 아니라 진지하게 놀이에 임하게 되기 때문이다.

여덟 살초등학교 2학년 손녀딸이 엄마, 언니 그리고 나를 소파에 앉히더니 '학교 놀이'를 하자고 했다. 물론 선생님의 역할은 손녀딸이 맡았고 우리는 모두 학생이 되었다. 우리는 알파벳을 쓰기도 하고 계산을 하기도 했다. 가끔씩 일부러 틀렸다. 선생님은 정답을 가르쳐주고 주의를 주기도 했다. 그런데 우리들

중 누군가가 원칙을 무시하기 시작했다. 옆에 앉은 친구를 못살게 굴었으며 그러면 선생님은 두 사람 모두를 야단쳤다. 계속해서 화장실을 가고 싶다고 말했다 선생님은 보내주지 않았다.

마침내 미술시간이 왔다. 선생님은 사자를 그리라고 했다. 우리는 각자 가능한 선에서 사자를 그렸다. 내가 그린 사자는 솔직히 말해서 그린 내가 봐도 전혀 사자 같지 않았다. 선생님이 점수를 주는 시간이 되었다. 나는 꼼짝 않고 자리에 앉아서 평가를 기다렸다.

'선생님'은 언니에게로 다가갔다. 언니는 그림 솜씨가 있어 보였다.

"음, 괜찮은데…… 하지만 여기를 좀 더 잘 그렸어야 했어. 아쉽지만 95점!"

다음은 엄마의 그림이었다.

"음, 별로야. 70점밖에 안되겠어."

마침내 내 차례가 되었다. 선생님은 그림을 오랫동안 쳐다보았다.

"음, 이 그림은 60점 이상 줄 수가 없어. 넌 우리 중에서 가장 그림을 못 그렸어."

점수를 들은 나는 몸이 움츠러들었다. 그리고 '친구들'은 킥킥거리면서 웃었다.

나는 '불쌍한 아이들, 이 아이들은 집에서도 학교에서도 우리들의 평가를 견디어 내고 있구나!' 하고 생각했다.

아이의 상상 속에 들어감으로써 우리는 아이를 더 잘 이해할 수 있을 뿐만 아니라 공포 등의 다른 감정적인 문제점을 고쳐줄 수도 있다. 미국의 심리학자인 빌 맥도널드가 이러한 경우의 예를 보여준다.

내 딸의 나이가 세 살 때였다. 나는 딸아이의 비명을 듣고 달려갔다. 방 안으로 들어서자 제시카가 침대 위에서 자기 방 안에 괴물이 나타났다고 소리를 쳤다. 괴물이 보이지 않는다고 말하자 제시카는 내가 방 안으로 들어오는 것을 본 괴물이 놀라서 침대 밑으로 숨었다고 했다. 나는 침대 밑에 엎드려서 괴물을 찾기 시작했지만 아무것도 보이지 않았다. 침대 밑에도 괴물이 없다고 하자 제시카는 이 괴물은 자기의 마음속에서 만들어졌기 때문에 다른 사람에게는 보이지 않는다고 했다. 나는 제시카의 눈을 바라보며 이렇게 말했다. "제시카, 아빠 말을 들어보렴. 이 괴물을 네가 만들었잖아. 그럼 이 괴물을 네가 원하는 대로 바꿀 수도 있단다. 예를 들면 괴물을 아주 크게 만들 수도 있고 반대로 괴물을 아주 작게 만들 수도 있지. 너무 크면 아빠도 무서울 것 같구나." 제시카는 무슨 말인지 알겠다는 듯 고개를 끄덕였다. 제시카는 이제 괴물이 장난감 곰 만해졌다고 했다. 그러자 괴물이 마음에 드는 것 같았다.

그날 밤 우리는 레스토랑에 가서 저녁을 먹기로 했다. 이미 괴물과 친해진 제시카는 괴물을 레스토랑에 데리고 갔다. 집으로 돌아오는 차 안에서 뒤에

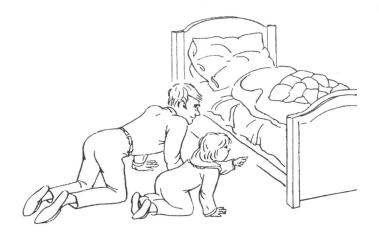

앉은 제시카가 갑자기 엉엉 울기 시작했다. "내 괴물을 레스토랑에 두고 왔어!" 그러자 이미 그 경험을 했던 여섯 살짜리 오빠가 말했다. "걱정 하지 마, 제시카. 내가 주머니에 넣어서 데리고 왔어."

동화와 경험담 그리고 역사

유명한 동화들은 아이들의 상상의 세계를 잘 이해하는 특별한 능력을 가진 어른들이 만들어 놓은 이야기이다. 동화는 아이들의 상상을 다시 아이들에게 돌려줘서 아이들의 성장을 돕는다. 이 동화를 들려주는 역할을 예전에는 나이든 할머니가 이야기로 들려주었고 지금은 부모들이 책을 읽어주는 것으로 대신한다. 그 모습이 어떻든 동화는 아이들에게 공기와 같이 반드시 필요한 것이다.

아이들은 동화와 함께 경험담 또는 역사 이야기를 듣는 것도 좋아한다. 이런 이야기가 흥미롭고 교훈적인 내용을 갖고 있기 때문이기도 하지만 무엇보다 아이들은 이런 이야기를 '삶에 대한' 동화라고 이해하기 때문이다. 러시아의 역사학자 세르게이 솔로비요프의 이야기를 들어보자.

어렸을 때 내가 가장 좋아했던 사람은 할머니와 유모였다. 특히 유모는 지금의 내가 있기까지 적지 않은 영향을 미쳤다. 지금도 어린 시절의 그 밤을 기억한다.

나는 커다란 탁자에 딸려 있는 유아용 의자에 앉아 있었다. 두 명의 누이와 양말을 짜고 있는 할머니 그리고 코에다 안경을 걸쳐 놓고 열심히 양말을 짜고 있는 유모가 함께 앉아 있었다. 유모는 인상 좋아 보이는 얼굴에 키가 작고 마른 편이었다.

유모는 솔로베츠키 사원과 키예프 여행을 여러 차례 했고 대러시아와 소러시아도 두루 돌아보았다고 했다. 유모가 해주는 여행에 대한 이야기를 듣는 시간은 내게는 꿀같이 달콤한 시간이었다.

유모는 아주 먼 곳, 예를 들어서 어렸을 때 팔려간 아스트라한 지역에서 전해오는 많은 이야기들, 즉 볼가 강의 전설, 커다란 과수원의 비밀, 칼묵인들과 키르기즈인들 중앙아시아에 살고 있는 민족들-옮긴이의 유래, 납치된 러시아인들, 러시아인들의 유배 생활과 탈출 등을 아주 흥미롭게 전해 주었다. 이 모든 것이 나의 상상력을 자극했고 나중에는 '아이의 세계'라는 경계를 넘어서 펼쳐졌다. 유모의 이야기는 나에게 나라와 민족, 그리고 역사와 문화에 대해서 더

많이 알고자 하는 열망을 불러일으켰다.

　나는 유모를 떠올릴 때면 언제나 이런 생각이 든다. 내가 역사학과 지질학에 관심을 가지고 태어났다면 유모가 들려주었던 재미있는 인물과 흥미로운 장소, 그리고 모험 등의 여행 이야기는 나의 타고난 능력을 발전시키는 밑거름이었다고.

　훌륭한 시인과 학자가 될 어린 아이들의 성격과 영혼에 '생명을 불어넣은' 것은 어쩌면 이렇게 글도 모르는 평범한 할머니들이 차분하게 들려준 이야기였을지도 모른다.

　현대에는 대중매체와 영상기술의 발달로 어른들이 직접 들려주는 이야기, 즉 '일대일 대화'가 점점 사라지고 있다. 만화영화와 각종 어린이 프로그램이 부모님의 역할을 대신하고 있다. 하지만 온기와 정감이 있는 아이와의 일대일 대화는 그 어떤 발달된 매체나 기술력으로도 대체할 수 없다. 왜냐하면 이런 일대일 대화는 다양한 형식과 독특한 '장르'를 가지고 있기 때문이다. 가장 대표적인 것이 '이야기 만들기'이다. 닐의 이야기를 다시 인용해 보자.

　나는 이 주일에 한 번, 일요일 저녁이 되면 아이들에게 자기들이 주인공으로 등장하는 모험이야기를 만들어주었다. 이 프로그램은 주로 일 년 계획으로 진행되었다.
　닐의 이야기 속에서 아이들은 아프리카의 정글 속이나, 바다 속 깊은 곳, 혹은 하늘 높이 있는 구름 위로도 여행을 떠났다. 장소가 어디든 그곳에서도 학교생활을 비롯한 다양한 현실의 사건들이 그려졌다.

얼마 전에 나는 내가 죽은 후에 서머힐에 어떤 일이 있었는지에 대해서 이야기해 주었다.

나를 대신해서 서머힐을 맡은 사람은 마긴스였다. 그는 아주 엄격한 사람으로 아이들에게 반드시 수업을 들어야 하며 취침시간과 기상시간을 일방적으로 정하고는 지키지 않으면 벌을 주었다. 그리고 만약 누군가가 '제기랄!'이라고 하면 가차 없이 회초리로 때렸다. 나는 아이들이 어떤 식으로 새로운 선생님의 말을 잘 들었는지에 대해 짧게 이야기해 주었다.

세 살에서 여섯 살까지의 아이들은 분명하게 말했다.

"우리는 말을 잘 듣지 않았어요."

"우리는 모두 도망갔죠."

"우리는 망치로 선생님을 때려줬어요."

"우리가 그런 사람을 견디어낼 수 있다고 생각하는 거예요?"

나는 살아 돌아와서 마긴스 선생님을 쫓아버려야만 했다. 그것 외에는 아이들을 조용하게 만들 수 있는 방법이 없었기 때문이다.

가상의 역사나 가상의 이야기는 아이들과 어른이 함께 만들게 되면 훨씬 더 흥미진진해진다. 우리는 이러한 예의 훌륭한 본보기를 마리나 쯔베타예바의 자전적 단편 소설 「엄마의 이야기」에서 볼 수 있다. 지금 여섯 살의 마리나와 세 살 어린 여동생 아샤가 엄마와 함께 이야기를 만들고 있다.

"옛날에 엄마가 살았어. 이 엄마에게는 두 명의 딸이 있었지……."

"마리나 하고 나야! 마리나는 피아노를 더 잘 치고, 먹는 것을 더 잘 먹었어. 하지만 아샤는, 음…… 아샤는 맹장 수술을 받았어. 그래서 죽을 뻔 했지."

아샤가 엄마의 말을 끊고 자기의 이야기를 시작했다.

"그래."

엄마는 자신의 이야기를 더 만들지 않고 아샤의 물음에 답해주었다. 아니, 어쩌면 엄마는 전혀 다르게 생각했을 지도 모른다.

"두 명의 딸, 큰딸과 작은딸……."

"큰딸은 금방 늙었어. 그런데 작은딸은 젊고, 또 부자였어. 그리고 …… 장군한테 시집을 갔어. 아니 더 높은 귀족에게, 아니 사진사 피쉐라에게."

2장 내 아이와 어떻게 함께 살아갈 것인가

아샤는 이미 흥분해 있었다.

"큰딸은 양로원을 운영하는 오시프에게 시집을 갔어. 오시프는 자기 동생 오이를 죽인 나쁜 사람이야. 그렇지 엄마?"

"그래." 엄마가 말을 받았다.

"작은딸은 나중에 귀족, 그러니까 음…… 공작에게 또 시집을 갔어. 그리고 작은딸에게는 말이 네 마리 있었어. 큰딸은 그 동안 나이가 들고 찢어지게 가난 해졌어. 오시프는 양로원에서 큰딸을 쫓아버렸지. 막대기로 쫓아버렸어."

"어느 날 강도가 선택을 하라고 했지. 그러자 그녀는 둘을 한꺼번에 안 고……."

"엄마! 왜 여기서 갑자기 강도가 나오는 거야? 이 강도가 도대체 누구야?" 아샤가 물었다.

"난 알아! 이 강도는 딸이 둘 있는 부인, 즉 엄마의 적이야. 이 강도가 바 로 아이들의 아빠를 죽였지……."

내가 재빨리 끼어들었다.

"엄마! 언니가 엄마의 이야기를 망쳐버리고 있어!"

"왜냐하면 그 강도가 엄마를 사랑했기 때문이야. 강도는 차라리 공동묘지 에서 엄마를 보는 것이 더……."

나는 진정하지 못하고 이야기를 계속했다.

"그게 무슨 말이냐? 너 어떻게 그런 생각을 한 거야?" 엄마가 말했다.

"푸쉬킨 작품에서요. 서사시 『집시』에 나와 있어요."

"내 생각에 그 내용은 내가 네게 읽으면 안 된다고 했던 『전령』에 나온 내용 같은데……."

"엄마는 누구를 더 사랑했어요?"

아샤는 참지 못하고 물었다.

"한 명은 자주 아프고 잘 먹지도 못했어. 커틀릿도 잘 먹지 않고, 콩도 싫어했어. 대구는 보기만 해도 구역질을 해댔어. 하지만 몸이 약해서 자주 아픈 작은딸을 위해서 엄마는 항상 작은딸 앞에 무릎을 꿇고 앉아서 말했지. '얘야, 제발 조금만 더 먹어라, 아가, 제발! 한 숟가락만 더 먹어.' 그러니까 엄마는 작은딸을 더 사랑하는 거지."

"아마도…… 그러니까 더 사랑했지. 너무 병약하고 잘 먹지 않아서 걱정스러웠기 때문이지."

엄마가 솔직하게 말했다.

"엄마, 맹장염이 있었다는 것을 잊지 말아야지!"

아샤가 흥분된 목소리로 말했다.

"몇 년이 지난 후에 동굴에서 사는 은둔자에 대한 소문이 나기 시작했어. 그리고……."

"엄마, 그 사람이 바로 강도야! 항상 그렇거든. 물론 그 사람은 천사 다음으로 세상에서 가장 착한 사람이 되었어. 너무 불쌍해."

"누가 불쌍하다는 거지?"

엄마가 물었다.

"강도 말이야! 그 강도는 실컷 두들겨 맞은 강아지처럼 아무 할 일 없이 거닐고 있고, 엄마는 물론…… 만약 나였다면 그를 정말 사랑했을 거야. 그래서 집에서 같이 살자고 하고 그리고 바로 결혼을 했을 거야."

단편소설 전체의 예술적이고 심미적인 아름다움을 전달해 주는 이 짧은 내용에서 우리는 여자 아이가 '진심으로' 마음 아파하는 것을 볼 수 있다. 물론 이 부분에는 어머니의 사랑을 확인 받기 위한 어린 두 자매의 질투와 경쟁이 있다. '버릇없는' 작은딸은 자기에게 유리한 상황을 만들고자 언니에 대해서 '도덕적인 폄하'를 포함한 모든 방법을 사용한다. 큰딸은 이런 상황에 맞서 싸울 준비가 되어 있다. 하지만 다른 한편에서는 불쌍한 강도를 보살필 준비 역시 되어 있다. 즉, 자신을 희생할 준비가 되어 있는 것이다. 소설이 아니라면 본격적으로 다루기 어려운 소녀들의 내면세계를 아주 잘 보여준다. 모든 아이들은 이와 똑같다.

'이야기 만들기'와 아주 비슷한 방법으로는 '발전 대화'라는 것이 있다. 우리는 이미 제1장에서 파인만의 아버지를 통해 발전 대화의 기본적인 원리를 살펴보았다. 파인만의 아버지는 파인만과 산책을 할 때 바로 이 발전 대화를 사용하고 있었기 때문이다. 부모님들이 아이들과 이 방식으로 대화를 나누는 것만으로도 엄청난 교육적인 효과를 거둘 수 있다. 이와 비슷한 대화는 질문, 수수께끼, 유머, 웃음 등으로 가득 차 있다. 즈본킨의 책에 나오는 발전대화의 예를 한 번 보자.

우리는 여름휴가를 위해 모스크바 근교의 별장을 빌렸다. 아들의 친구와 아들은 함께 동물원에 갔을 때 본 원숭이들에 대해 이야기를 하고 있었다. 나는 그들의 대화에 끼어들어서 사실은 아이들에게 원숭이들을 보여준 것이 아니라 원숭이들에게 아이들을 보여준 것이라고 이야기했다. 내 주장에 대해서 아이들은 무척 당황해 했다. 하지만 곧바로 내 의견에 대해서 반대 의견을 말했다.

"우리가 원숭이들을 봤잖아요."

"한 번 생각해봐, 누가 누굴 봤다는 거냐? 너희가 원숭이를 본 것처럼 원숭이들도 너희들을 봤잖아. 안 그래?"

아이들의 생각이 틀렸다고 말하는 것은 아주 쉬웠다.

"우리는 원하는 곳을 마음대로 갈 수 있잖아요. 하지만 원숭이들은 그렇지 못해요. 원숭이들은 철창 안에 앉아 있잖아요. 그러니까 우리가 본 게 맞죠."

아이들은 조금 더 진지하게 자기의 의견을 정리했지만 나는 그것에 대해서도 반론을 폈다.

"아니, 너희들도 원하는 곳을 마음대로 갈 수는 없어. 예를 들어서 원숭이들이 철창 밖으로 나오지 못하는 것처럼 너희들도 철창 안으로 들어갈 수 없잖아. 그러니까 쉽게 말하자면 너희들과 원숭이들 사이에는 철창이 있어서 한쪽 편에서는 원숭이들이 자기가 원하는 곳으로 다니고, 그 반대편에서는 너희가 너희들이 원하는 곳으로 다니는 것일 뿐이란 말이야."

우리는 이렇게 얼마 동안 즐겁고 진지하게 논쟁을 즐겼다.

게임과 수수께끼

아이들의 성장을 위해서 그리고 아이들과 소통하기 위해서 부모는 어떤 일을 함께 할 수 있을까? 예를 들어서 한 곳에 앉아서 하는 게임인 바둑이나 장기, 체스, 그리고 다양한 보드게임 등을 들 수 있다. 게임은 여러 방면에서 아주 유익하다. 이 게임들은 재미있고 부모와 아이를 서로 가깝게 만들어주며 아이들의 지적 성장에도 도움이 된다. 게다가 이러한 게임을 통해서 몇 가지의 심리학적인 문제들을 해결할 수도 있다.

먼저 게임이 어떻게 아이들의 지적 능력 향상에 도움이 되는지를 알아보자. 다음에 나오는 예들을 통해 우리는 그 과정을 쉽게 확인할 수 있다.

여기 아주 평범한 주사위 놀이 게임이 있다. 주사위를 던져서 나오는 숫자만큼 움직이면 되는 아주 간단한 게임이다. 나온 숫자만큼 움직이다가 사다리를 타고 올라가기도 하고 미끄럼틀을 타고 내려오기도 하며 한 번씩 쉬어가기도 하는 그런 게임이다.

아이는 다섯 살이다. 아이는 지금 몹시 지루해하고 있다. 자신의 말이 너무 늦게 움직이고 있다고 생각하기 때문이다. 아이가 처음에 이 게임을 할 때는 너무 재미있어 했다. 아이는 게임을 하면서 숫자의 순서와 양의 개념을 익혔다. '2'가 무엇인지 '3'이 무엇인지 그리고 여섯 칸을 움직인다는 것이 어

떤 의미인지를 알아가는 것에 대해 너무 재미있어 했다. 하지만 이제는 아니다. 모든 것이 너무 느리고 새로운 것은 아무것도 없다.

그러자 아이는 주사위 하나를 더 던지자고 했다. 속도가 빨라지고, 숫자가 12까지 늘어나자 아이는 훨씬 재미있어 했다. 더 중요한 것은 아이가 두 개의 주사위에 나온 점수를 합치는 일을 해야 한다는 사실이다. 아이는 '덧셈'을 이해하기 시작했다. 그리고 얼마 지나지 않아서 아이는 주사위 세 개를 던지자고 했다. 이런 식으로 아이는 자기도 모르는 사이에 두 자릿수의 덧셈을 할 수 있게 되었다.

이 과정에서 가장 중요한 것은 아이를 재촉하지 않는 것이다. 이러한 아이디어뿐만 아니라 계산을 하는 과정도 마찬가지이다. 아이가 혼자서 생각하는 것보다 중요한 것은 아무것도 없기 때문이다.

이번에는 카드를 가지고 하는 게임을 예로 들어보자. 카드를 가지고 노는 게임에 선입견이나 편견을 가질 필요는 없다. 게임은 게임일 뿐이며 잠재력을 키워주는 훌륭한 카드놀이도 얼마든지 있기 때문이다.

이것 역시 한 가족의 경험에서 나온 것이다. 아빠, 엄마 그리고 열세 살짜리 아들이 〈왕〉놀이를 하고 있었다. 게임은 계산에 많은 집중을 해야만 한다. 이 게임은 여러 판으로 구성되어 있는데 각각의 판이 끝나게 되면 점수를 받는다. 이 점수를 계속적으로 종이에 기입하면서 게임은 오랫동안 지속된다.

모든 게임이 끝나면 각자의 점수가 어떻게 변화되었는지를 볼 수 있다. 그리고 변화를 나타내는 표를 가지고는 아주 흥미로운 분석이 가능하다.

엄마의 경우는 가파르게 오르고 내리기를 반복했다. 이는 모험을 즐기는 경기자의 전형적인 모습이라는 분석이 나왔다. 결과적으로 엄마는 꼴찌를 했다. 아빠는 굴곡이 심하지 않았지만 몇 군데에서는 점수가 아주 낮았다. 굴곡이 심하지 않다는 것은 조심스러운 경기자의 전형적인 모습인데 몇 군데의 점수가 아주 낮다는 것은 주의를 게을리 했기 때문이라는 분석이 나왔다. 결과는 2등이었다. 아들은 아주 조심스럽게 게임을 운영하고 계속해서 게임에 집중했기 때문에 점수를 잃을 때는 조금 잃었고 얻을 때는 많이 얻었다. 표의 변화가 크지 않았고 결과는 1등이었다.

게임이 끝난 후에 표를 가지고 각자의 성격을 알 수 있다고 하면서 세 명은 즐겁게 이야기를 나누었다. 아들은 학교에서 표를 배우고 있었고, 표의 중요성에 대해서 알게 된 것이다.

러시아의 수학자인 블라디미르 아놀드는 자신의 어린 시절의 특별한 이야기를 다음과 같이 들려주었다.

나는 수학적인 재능이 전혀 없었지만 수학자가 되었다.

1학년 때 담임선생님이었던 안나 표도로브나는 어머니에게 내가 구구단을 외우고 있지 못하기 때문에 2학년에 올라가서도 걱정이라고 했다.

"내가 4 곱하기 7이 몇이냐고 물어보면 이 아이는 머릿속으로 4를 일곱 번 더하고 있어요. 곱하기가 뭔지를 모르고 있다는 거죠." 선생님이 어머니에게 설명했다.

그날 밤 할머니는 내가 평생토록 기억하게 되는 구구단을 가르쳐 주었다. 할머니는 카드 한 벌을 꺼냈다. 카드의 한 쪽에는 문제예를 들어서 7×8가, 다른 쪽에는 답56이 쓰여 있었다. 게임은 문제를 읽고 답을 말하는 방식으로 이루

2장 내 아이와 어떻게 함께 살아갈 것인가

어졌다. 답을 맞히면 그 카드는 한 쪽으로 치워졌지만 틀리면 다시 맨 밑으로 카드를 집어넣었다. 그리고 다음 카드를 읽었다. 답을 맞히지 못한 카드의 양은 금방 적어졌다. 한두 시간이 지난 후에 맞히지 못한 카드는 서너 장에 불과했다. 구구단을 자동적으로 외우게 되었다. 게임은 벌을 주는 것보다도 훨씬 효과적인 방법이었다.

아이들은 노는 것만 좋아하고 공부를 위해 머리 쓰는 것을 싫어한다는 어른들의 일반적인 생각과 달리 아이들은 생각을 하면서 문제를 푸는 것을 좋아한다. 특히 이러한 문제들이 아이의 지적 성장과 무한한 가능성을 일깨우는 것이라면 더욱 관심 있어 한다. E. 코즐로바의 책 『이야기와 수수께끼』에는 많은 종류의 문제와 수수께끼가 있다.

그 속에는 미취학 아동들도 쉽게 풀 수 있는 아주 단순한 문제이지만 어른들은 풀기 힘든 문제들도 있다. 이러한 경우에 아이들은 문제를 푸는 부모의 실수 등을 기분 좋게 관찰한다. 뒤바뀐 역할에 아이들은 깔깔거리며 즐거워한다. 이것은 아이들에게 또 다른 비슷한 문제를 찾아내려고 하는 모티브를 제공한다. 두 개의 예를 들어보자.

첫 번째 문제는 이렇다.

만약 한 개의 벽돌이 1킬로그램이라면 반 개의 벽돌을 더하면 그 무게가 얼마일까? 바로 1.5킬로그램이라고 이야기하지 말라. 이것은 일반적인 것이며 틀린 답이다.

두 번째 문제는 '마술'이다. 이것은 다른 사람들 엄마, 아빠, 할머니 또는 같은 반

친구들에게 보여주라고 당신이 아이에게 가르쳐줄 수 있는 것이다.

1에서 10까지의 숫자 중 하나를 고르시오. 그 숫자를 7로 곱하시오. 나온 답에서 맨 처음 생각한 숫자를 빼시오. 다시 6으로 나누세요. 그렇게 해서 나온 숫자에서 맨 처음 생각한 숫자를 빼시오. 그렇게 해서 나온 숫자에 다시 5를 더하시오. 그리고 그 숫자에 다시 4를 곱하시오. 그렇게 하면 나온 답은 20입니다.

독자 여러분은 아무 수나 생각한 뒤에 위의 단계를 밟으면 왜 그 답이 나오는지 금방 알 수 있을 것이다. 만약 바로 알지 못했다면 2~3번 반복해보면 된다. 그러면 어떤 원리인지 이해할 수 있을 것이다. 그리고 아이와 함께 어떻게 이런 답이 나오는지 알아본다. 그리고 그 원리를 가지고 다른 숫자들을 맞혀본다.

이런 식으로 아이들의 지적 발달에 도움을 주는 게임은 무수히 많다. 놀이로는 숨바꼭질, 팔씨름이 있으며, 낚시, 연날리기, 인형 옷 만들기, 그리고 깜짝 선물 만들기 등이 있다.

우리는 게임이 지적 성장은 물론이고 심리학적인 문제를 해결할 수도 있다고 했다. 이제 게임이 어떻게 아이들의 심리학적인 문제를 해결할 수 있는지 살펴보자.

이 문제와 관련해서 부모들이 해결해야 하는 중요한 과제 중의 하나는 아이에게 게임에 지는 법을 가르치는 것이다. 몇몇 아이들은 자신이 진다는 것을 참지 못한다. 그래서 떼를 쓰고 울고불고 난리를 치기도 한다.

심지어는 더 이상 게임을 하지 않겠다고 협박 아닌 협박을 하기도 한다. 그런 경우에 아이를 불쌍하게 여겨서 일부러 져주는 것은 아주 잘못된 방식이다. 게임이라는 것은 경쟁하고 협동하는 인생의 한 부분이므로 질 수도 있는 것이다. 당신이 아이와 함께 게임을 하는 것은 아이에게 이런 것들을 가르치고 대비할 수 있도록 하는 것이다. 게임을 통해서 아이는 모든 일을 언제나 성공할 수는 없다는 것과 성공하기 위해서는 생각하고 행동하고 철저한 사전 준비가 필요하다는 것, 그리고 게임에서 지는 것이 '인생의 끝'이 아니라는 중요한 사실들을 알게 된다.

　게임을 통한 이러한 감정 수업은 우리들 손에 달려 있다. 특별히 감수성이 풍부한 아이들에게는 미리 예상할 수 있는 결과, 즉 게임에 참가한 사람이라면 누구나 한 번씩 이기기도 하고 지기도 한다는 것을 알려주는 것이 좋다. 이런 준비를 통해서 아이들은 자신의 흥분된 감정을 다른 사람과 나눌 수 있고 다른 사람의 불행을 나누어 갖게 된다. 물론 이긴다면 기뻐해야 한다. 그것은 당연한 것이다. 하지만 다른 사람들을 생각한다면 기뻐하는 감정을 절제할 줄도 알아야 한다. 그리고 어떤 경우에 사람들이 기분 나쁜 감정을 가지게 되는지, 그렇게 되었을 때 어떻게 그것을 극복해내는지 등에 대해 이야기를 하면 좋다. 실패를 했을 경우에도 긍정적으로 생각을 해서 어떤 것에 도움이 되는지 알아보는 것도 좋다.

아이들을 위한 시간

　부모들은 일정한 시간을 아이에게 무조건 할애해야 한다. 그리고 이 시간 동안 부모들은 아이의 세계에서 함께 살아야 한다. 즉, 함께 놀아주고 함께 수다를 떨고, 함께 상상을 하고, 함께 농담을 하며, 함께 웃어야 한다. 너무 바쁘기 때문에 그럴 수 없다는 것은 전혀 설득력이 없다. 조금 과장해서 이야기하면 바쁘기 때문에 그럴 수 없다는 부모는 자신의 아이들과 함께 보내는 시간보다도 다른 것들을 우선적으로 생각하는 부모이다. 만약 성공적으로 일을 한다면 마찬가지로 자신과 자신의 아이를 위한 운명을 결정하는 문제도 성공적으로 해결할 수 있을 것이다. 아이와 어떻게 시간을 보낼까? 어떻게 아이의 재능을 키워줄 것인가? 하는 문제는 항상 생각해야 하는 것이다.

한 재능 있는 부모의 예를 들어보고 싶다. 그의 직업적인 성공에 이의를 달 사람은 아무도 없을 것이다, 그리고 그 엄청난 양의 일에 대해서도. 이 경우를 우리는 리디야 추코프스카야의 회상에서 자신의 아버지 코르네이 추코프스키 러시아의 작가, 동화작가—옮긴이에 대한 기억에서 볼 수 있다.

장시간 작업을 한 후 코르네이 추코프스키는 항상 제일 먼저 애타게 아버지를 기다리는 아이들에게로 갔다.

우리는 아버지에게서 재미있는 마술을 늘 기다렸다. 아버지와 함께라면 항상 좋았다.

아버지는 치기장난, 달리기, 눈싸움 등 단순한 놀이를 함께 했다. 아무것도 아닌 것 가지고 깔깔거리고 웃었고, 밀치기, 바닥에서 구르기, 고함지르기 등도 함께 했다.

아버지는 우리에게 장기, 오목, 크로스워드, 연극 공연, 모래성 쌓기 등을 가르쳐주었다. 아버지는 놀이를 늘렸다. 누가 더 높이 뛰나, 누가 더 멀리 뛰나, 누가 공을 잘 숨기나 또는 누가 잘 숨나, 나무토막 쓰러뜨리기, 누가 외발로 문까지 갔다가 빨리 오나 등을 했다.

아버지 추코프스키는 아이들의 도덕 교육에 성의를 다했다. 그는 '게으름뱅이'를 참지 못했다. 그는 빈둥거리거나 대충 일을 하는 것을 좋아하지 않았다. 아버지는 아이들에게 열심히 일하는 것을 가르쳤다. 그러나 평상시에 아버지는 늘 아이들과 함께 생활했다.

아버지는 우리에게 책상을 치우는 것이 재미있는 놀이임을 가르쳐 주었다. 얼마나 기뻐하며 우리는 그 놀이를 했는지! 발이 두 개가 있는 특별한 도구로 압정을 빼고 녹색 종이예전에는 유리 대신 녹색 종이를 깔았다-옮긴이를 치우고 다시 새로운 녹색 종이를 깔고 압정을 다시 꽂고 하는 것이 다 재미있는 놀이였다. 아버지가 몰래 감추어둔 특별한 걸레로 책상 서랍을 청소했다. 그리고 우리는 아버지의 명령에 따라서 강가로 달려가서 특별한 비밀이 있는 비누로 걸레를 빨았다.

코르네이 추코프스키는 어렸을 때부터 영어공부를 했고 직접 아이들에게 영어를 가르쳤다. 그는 수업도 재미있는 놀이로 바꾸어 주었다.

"성홍열을 앓고 있는 유명한 대머리 여행가의 비쩍 마른 가정부는 자신의 곱슬머리 조카에게 주려고 했던 구운 달걀을 먹었다. 오랫동안 기다린 손님은 밤색 경주마에 올라 탄 후 갈고리를 휘두르며 말을 달리게 해서 마구간으로 쏜살같이 달려갔다……."

이렇게 쓴 글을 내게 주었다. 나는 이것을 다음 날까지 영어로 번역해야만 했다. 어이없게도 아버지는 이것을 나를 위해 썼다. 오빠 콜랴를 위해서 쓴 다른 것도 마찬가지로 말도 안 되는 우스꽝스러운 이야기이다. 아버지는 전날 우리에게 외우라고 말한 영어 단어를 가지고 이 웃긴 글을 쓴 것이다.

내가 여섯 살인지 일곱 살인지 할 때였다. 오빠는 아홉 살 또는 열 살이었다. 우리는 이렇게 말도 안 되는 이야기를 즐거워하면서 번역했다.

"갈고리를 휘두르며 말을 달리게 했다고!"

기쁨에 가득한 함성과 깔깔거리는 웃음소리!

"노처녀가 아교를 배부르게 먹은 뒤 저수지에 빠졌다."

아교를 배부르게 먹었다고! 너무나 재미있었다. 우리는 아무 생각 없이 앞다투어 웃었다. 이러한 말도 안 되는 이야기들과 난센스 후에 우리는 아버지가 미리 준비해둔 디킨즈의 책을 펼쳤다. 그리고 나는 아버지의 도움 없이 올리버 트위스트에게 무슨 일이 생기는지 알게 되었다. 단순하게 책을 읽기 위해서 단어를 수도 없이 되뇌면서 외울 필요가 없었다.

여기에서 우리가 살펴본 모든 것에 대한 결론은 아주 간단하다.

아이들과의 즐겁고 기쁜 대화는 '주입식' 교육보다도 훨씬 효과적이다.

3장 내 아이와 어떻게 대화할 것인가

우리는 아이들과 항상 대화하고 있다. 식사를 하거나 산책을 할 때에도, 야단을 치거나 같이 놀아줄 때에도 대화를 한다. 대화를 하는 것은 언제나 중요하지만 아이에게 무언가를 가르치거나, 무언가를 익히게 만들 때의 대화는 특별히 그 중요성을 강조해도 지나치지 않을 것이다. 아이와 어떻게 대화를 하느냐에 따라 교육의 결과와 아이의 성취감 그리고 우리들 자신의 만족감이 다르게 나타나기 때문이다.

chapter 01

듣는 것과 들리는 것

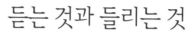

우리는 아이들과 항상 대화하고 있다. 식사를 하거나 산책을 할 때에도, 야단을 치거나 같이 놀아줄 때에도 대화를 한다. 대화를 하는 것은 언제나 중요하지만 아이에게 무언가를 가르치거나, 무언가를 익히게 만들 때의 대화는 특별히 그 중요성을 강조해도 지나치지 않을 것이다. 아이와 어떻게 대화를 하느냐에 따라 교육의 결과와 아이의 성취감 그리고 우리들 자신의 만족감이 다르게 나타나기 때문이다.

앞에서 우리는 이미 여러 차례 대화 분위기의 중요성에 대해 이야기했다. 이러한 대화 분위기는 대화에 참여하는 사람들의 성격이나 행동에 영향을 받는다. 대화의 기술을 익히고 사용함으로써 대화 분위기는 얼마든지 좋아질 수 있다.

대화의 올바른 습관과 기술은 자신은 물론 자신과 관계한 모든 사람^아_{이를 포함해서}에게 영향을 준다. 대화의 올바른 습관과 기술은 그것을 습득하기 위해서 애쓰는 모든 사람들이 항상 고민했고 앞으로도 고민하게 될 문제이다.

심리학에서는 상대방이 어려운 상태에서 벗어나기 힘들 때나 불행을 견디지 못할 때, 그리고 정확한 생각이나 감정을 표현하기 어려울 때 이러한 문제를 해결할 수 있는 좋은 방법을 찾아냈다. 우리는 이 방법을 '이야기 적극 들어주기'라고 부른다.

이야기 적극 들어주기의 구체적 내용에 대해서는 많은 예문들과 함께 『내 아이와 어떻게 대화할 것인가』제 5장에서 이미 소개했다. 이곳에서는 똑같은 내용을 반복하기 보다는 이야기 적극 들어주기의 주요 내용을 간단하게 살펴본 후에 이야기 적극 들어주기가 어떤 긍정적인 결과에 도달했는지를 알아보기로 하자.

이야기 적극 들어주기

적극적으로 듣는다는 것은 대화의 상대를 '이해'하고 대화의 상대에게 우리가 그를 '이해하고 있음을 알려주는 것'을 의미한다. 그러므로 여기서 '이해'라고 이야기하는 것은 말의 내용과 함께 대화 상대의 감정 상태까지를 포함하는 것이다.

대화의 상대를 '이해'하고 대화의 상대에게 우리가 그를 '이해하고 있음을 알려주는' 이 두 가지 문제를 해결하는 가장 간단한 방법은 대화의 상대가 말한 내용을 반복하면서 나 자신이 이해한 그 사람의 감정 상태를 이야기해주는 것이다. 흔히 우리는 대화의 상대가 질문에 맞는 대답을 하면 그 상대가 나 자신의 감정을 잘 이해하고 그 감정을 같이 '나누고 있다'는 느낌을 받게 된다. 이런 감정의 교류는 모든 사람에게 아주 중요한 것이다. 그래서 '기쁨은 나누면 두 배가 되고, 슬픔은 나누면 절반으로 줄어든다.' 고 하는 속담이 있는 것이다.

지금까지의 내용을 정리하면 이렇게 된다. 대화의 상대가 말한 내용을 반복하되 다른 단어, 다른 문장, 다른 구성으로 말하라. 즉, 같은 의미를 다른 말로 반복하라는 것이다. 만약 대화의 상대가 너무 많은 내용의 말을 했을 때는 그 내용을 요약해서 말하면 된다.

예를 들어보자. 아기가 주사를 맞고 난 뒤 울면서 "아파! 의사 아저씨 나빠!"라고 말했다.

이럴 때 당신의 대답은 "네가 지금 아프니까 의사 선생님께 화를 내는 구나."이다.물론 이것으로 대화가 끝나는 게 아니다. 이것은 당신의 첫 번째 대답일 뿐이다.

다른 예를 보자. 학교에 다니는 당신의 딸이 "다시는 이 구두 안 신을 래. 친구들이 비웃는단 말이야."라고 말한다.

이 때 '적극 들어주기' 기술을 쓰는 부모라면 "이 구두가 마음에 안 드는구나? 학교 친구들이 널 비웃을 까봐 걱정이 되는 거야?" 라고 대답할 것이다.

첫 예문에서 부모는 '아프다' 라는 단어를 정확히 쓰면서 아이의 '화난 감정 상태' 까지 잘 표현해주고 있다. 두 번째 예문에서는 부모가 "친구들이 비웃을 까 봐 걱정 되니?" 라고 말하고

있는데 이 표현은 아이의 '걱정되는 감정'을 미루어 짐작한 것이다.

대화의 기술에는 '이야기 적극 들어주기'의 방법도 있지만 '이야기 소극 들어주기'의 방법도 있다. 이 기술을 사용할 때에는 상대방의 말을 충분히 들어주면서 되도록 자신의 말은 줄이면 된다. 이 기술은 주로 '어머, 저런! 정말? 아! 음……' 등의 감탄사를 사용하거나, 고개를 끄덕이거나, 진지한 눈빛으로 상대를 응시하는 방법이 사용된다.

'이야기 적극 들어주기' 기술에는 다음과 같은 규칙이 있다.

상대방의 질문에 대답할 때에는 '잠깐 멈추는 것'이 중요하다. 대답하면서 잠깐 멈추는 것이 중요한 이유는 상대방에게 생각할 시간을 주면서 상대방으로 하여금 더 많이 말할 수 있게 하기 때문이다. 이 '잠깐 멈추는 것'은 대화를 하는 우리에게도 필요하다. 우리가 다른 생각을 버리고 상대방에 집중할 수 있도록 만들어주는 시간이기 때문이다. 머릿속에 떠오르는 잡다한 생각을 버리고 상대방에 집중하는 것은 때로는 상대방의 입장이 된다. '이야기 적극 들어주기'에서 가장 중요하고도 어려운 조건이다. 이러한 조건이 형성된 이후에 대화가 이루어지면 대화를 하고 있는 사람들은 서로에 대한 믿음이 생기게 된다.

또 한 가지 중요한 것은 당신의 말투이다. 대화 상대자로부터 들은 내용을 다시 말할 때는 의문형으로 하는 것이 아니라 확신을 가지고 자신 있게 말해야 한다. 우리가 보통 의문형으로 말할 때는 자기의 궁금증을 풀려는 의도가 숨어있다. 하지만 들은 내용을 자신 있게 다시 말하면 상대방 이야기를 잘 들어서 이해하고 있다는 것을 드러내준다.

예를 들어 우리가 고통스러워하는 아이를 보았을 때 "많이 아파?" 라고 물을 수도 있고 "네가 많이 아프구나!"라고 말할 수도 있다. 이 두 가지 표현에서 당신의 배려와 걱정이 더 잘 나타나는 것은 어느 쪽인가? 사실 말하는 입장에서는 차이가 거의 없는 듯하다. 하지만 문제를 안고 있는 상대방은 이 차이를 바로 느낀다. 첫 번째 경우에는 궁금증을 풀기 위해 질문을 한 것이라는 생각이 드는 반면 두 번째의 경우에는 상대방이 나와 같이 아파한다는 느낌을 줄 수 있다.

관계를 지속하기 위해서는 대화 상대자가 갖고 있는 감정을 느끼는 것이 중요하다. 즉, 상대방의 얼굴 표현이나 손짓, 말투, 목소리의 크기나 말의 속도, 심지어 눈과 머리의 움직임을 따라 하는 것이 좋으며 상대방의 눈을 똑바로 보면서 이야기를 듣는 것이 좋다.

절대로 해서는 안 되는 몇 가지 행동이 있다.

• 시간이 없을 때는 상대편의 이야기를 들어주기 시작하면 안 된다.

이것은 당연하다. 생각해보라. 대화가 이루어지고 진지한 대화를 하게 되었는데 "아, 미안해요, 더 이상 들어줄 시간이 없네요." 라고 하면서 일어난다면 상대방이 기분 나빠질 수 있고 대화를 시작한 것을 후회할 수도 있기 때문이다.

• 자세히 물어보지 않는다.

이것에 대해서는 이미 앞에서 의문형의 말투에 대해 언급한 것처럼 대화를 하는 도중에 직접적인 질문을 하거나 자세히 물어보는 것은 좋지 않다. 질문을 하는 것에는 가장 먼저 자신의 궁금증을 풀려고 하는 목적이 내포되어 있으며 상대방도 이것을 느낄 수 있기 때문이다.

• 절대로 조언하면 안 된다.

흔히 사람들은 상대방을 도와주고 싶을 때 조언해 주고 싶은 마음을 가장 먼저 가지게 된다. 게다가 사람들은 어떤 문제가 생기면 "어떻게 해야 할까요?"하고 조언을 부탁하기도 한다. 그러나 현실에 있어서 조언은 거의 아무 도움도 되지 않는다. 조언이 도움이 되지 않는 몇 가지 이유를 들어보자.

첫째, 우리가 조언을 할 때 상대방에 대해 우월감을 가질 수 있는데 의식적이든 무의식적이든 이것은 상대의 기분을 상하게 만든다. 이로 인해 상대방은 우리의 '지혜로운' 충고를 아무 의미 없는 것으로 무시하게 된다.

둘째, 조언은 조언을 하는 사람의 입장에서 문제를 바라보기 때문에 상대방이 느끼는 문제와 전혀 상관없는 방향으로 비춰질 위험이 있다. 그래서 "만약 내가 너라면……"으로 시작하는 조언을 하면 많은 사람들이 "난 네가 아니라서 그렇게 할 수 없어!"라는 반응을 보이는 것이다.

셋째, 우리가 조언하는 내용은 상대방도 이미 알고 있는 경우가 대부분이다. 자신의 문제에 대해 가장 잘 알고 가장 많이, 그리고 가장 깊게 고민하는 사람은 자기 자신이기 때문이다. 그래서 "왜 그렇게 하지 않아?"하고 이야기하면 "그렇게 할 수 있지만……"이라는 대답이 나오는 것이다.

우리는 지금까지 해서는 안 되는 행동을 살펴보았다. 이것들은 '이야기 적극 들어주기'를 가로막는 암초가 될 수 있다. 우리가 다른 사람의 걱정, 불만, 안타까움에 대해서 반응을 보일 때 사용하는 일상 언어에는 해서는 안 되는 것들이 훨씬 다양하게 널려있다.

절대로 해서는 안 되는 전형적인 대답과 질문들이 있다. 그것에 적당한 예물론 절대로 해서는 안 되는 예를 함께 배치해 놓았다. 그리고 필요한 경우에는 간단한 설명을 덧붙였다. 예를 든 상황에서 당신의 아이또는 대화 상대자로서의 어른는 감정이 북받쳐 있다는 것을 기억하자. 이들에게는 '이야기 적극 들어주기'가 필요한 상황이다.

명령과 지시 : "당장 울음 그쳐!"

(동정의 마음이 없다는 걸 알 수 있다.)

경고와 협박 : "한 번 더 그렇게 말하면 가만두지 않겠다!" "말 안 들으면 창고에 가둬버릴 테야!"

(이 경우 부모는 아이를 이해해 주지도 않고 있으며 이해하고 싶은 마음도 없어 보인다. 자리를 정리하는 것을 우선으로 생각하기 때문에 위협하면서 협박한다.)

도덕, 교훈, 설교 : "어른 말 잘 들으라고 몇 번이나 말했냐! 이제 네가 알아서 해!" "모든 문제는 게으름에서 생겨난단 말이야. 스스로 노력하라고 했지!"

(아이가 아무 말도 하지 않고 마음속으로 "그렇지 않아도 속이 쓰린 데 야단까지 치다니." "이런 식으로 말하면 아무것도 듣고 싶지 않아." 라고 생각하는 것은 어쩌면 당연한 일일 것이다.)

비난, 잔소리 : "너는 항상 사고만 치고 다니는구나!" "도대체 너 지금 몇 살인데 그렇게 개념이 없니?"

(동정 대신 자존심을 상하게 한다.)

별명, 비웃음 : "울보" "바보" "고집불통" "당나귀같이 고집을 부리는 구나!" "우리 아인슈타인을 사람들이 인정하지 않는구나!"

(위와 같은 별명을 부르면 안 되며, 농담을 할 때는 따뜻하게 해주어야 한다.)

해석, 추측 : "되는 일이 없어서 네가 화를 내는 거지?" "여자 친구랑 문제가 생겨 기분 나빠서 그러는 거지?"

(사람들은 개인적인 일에 대해서 다른 사람이 이야기하는 것을 별로 좋아하지 않는다. 특히 여기서는 상대방의 감정을 추측하고 있는데 이것 역시 개인의 감정을 건드리는 것이다.)

말뿐인 동정, 충고, 설득 : "괜찮아, 곧 나아질 거야." "너를 충분히 이해해. 하지만 이렇게까지 슬퍼할 일은 아니야." "그 정도는 아무 일도 아니야" "나도 같은 문제를 겪었는데 잘 지나왔잖아."

(상대방을 걱정하는 대신 계속 자신의 생각만 말하고 있다. 상대방은 무시당한다는 느낌을 받기 쉽다.)

물론 실제에 있어서는 모든 표현들이 섞이게 되어 똑같은 표현을 만나는 경우는 그렇게 흔하지 않다. 예를 들어서 다음의 경우를 한번 보도록 하자. 학교에서 집으로 돌아온 아들이 풀이 죽어서 시험지를 내미는 데 낙제 점수였다. 아버지가 말했다.

내가 그럴 줄 알았어. 이젠 어떻게 할래? 엄마 아빠 말 안 듣고 게으르게 시간만 보내더니…… 창피하지도 않냐? 우리가 너 때문에 얼마나 고생하는지

안 보여? 고맙다고 하기는커녕 이게 그 보답이냐? 난 앞으로 또 이런 점수가

나온다면 참을 수 없다. 무슨 조치를 취해야지 원.

아버지의 말 속에서는 아들의 변명이나 대답을 들을 필요가 없다고 생

각하는 다양한 형태의 구태의연한 반응이 섞여 있다는 것을 알 수 있다.

이는 우리가 일상적으로 가장 많이 접하는 대화 방식 중의 하나이다.

위에서 본 것처럼 '이야기 적극 들어주기' 는 쉬운 일이 아니다. 적극

적으로 들을 때는 주의를 집중해야 하고, 마음으로부터 반응해야 하며,

무슨 뜻인지 빨리 이해하고, 말을 자유롭게 구사해야 한다. 게다가 자신

의 생각과 걱정을 버리고 상대방의 입장에 서야 한다.

물론 지금 당장은 아니지만 언젠가는 이 모든 것들을 해낼 수 있다는

자신감을 가지는 것이 중요하다. 그러기 위해서는 많은 연습과 훈련이

필요하다. 대개의 경우 여러 차례 시도를 해서 맨 처음 성공을 하게 되면

그 기쁨으로 기꺼이 훈련을 거듭할 수 있게 된다.

이제 몇 가지 성공적인 예를 살펴보자.

우리 딸은 세 살입니다. 어제 같이 유치원에 가면서 딸이 좋아하는 눈 더미

옆을 지나갔는데 그 때 아이가 이렇게 말했어요.

"엄마, 나 유치원에 안 가고 눈 가지고 놀래. 오늘은 진짜 유치원 가기 싫어."

"놀고 싶다고?"

"응."

"눈사람 만들면서 놀고 싶어?"

"응!"

"누가 놀면 안 된다고 그랬어?"

아주 오랫동안 생각을 한 뒤 딸이 대답했어요.

"몰라."

그리고 딸은 다시 생각을 했어요. 저는 아무 말도 하지 않고 그냥 서 있었죠. 딸은 다시 두 번이나 "눈사람 만들면서 놀고 싶어!"라고 중얼거렸어요. 그러다가 갑자기 "엄마, 유치원에 가자!"라고 이야기를 하는 거였어요.

이 장면에서 엄마는 단지 적극적으로 들어주었을 뿐이지만 아이는 스스로 문제를 해결할 수 있었다. 대화가 무리 없이 진행되는 동안 엄마의 질문은 아이가 스스로 결정하는데 도움이 되었다.게다가 엄마는 딸한테서 두 번이나 "응"이라는 대답을 받았다.

한 가지 예를 더 들어보자. 이것은 한 젊은 아가씨가 처음으로 '이야기 적극 들어주기'를 경험한 이야기이다.

어느 날 언니가 조카를 봐달라고 부탁했어요. 언니는 형부와 함께 늦게까지 약속이 있다고 했죠. 조카 올라는 엄마가 곁에 없으면 스트레스를 받아서인지 짜증을 많이 냈고 결국은 울어버리는데 달래기가 무척 어려웠어요. 올라는 쉽게 잠이 들지도 못했고, 잠이 들어도 편안하게 자지 못하고 몸을 자주 뒤척이면서 몸을 떨기까지 했어요. 지금까지 나는 올랴에게 '이야기 적극 들어주기'를 시도해 본 적이 한 번도 없었어요. 그래서 이번에 한번 시도해보기로 마음먹었습니다.

올랴는 침대 위에 엎드려서 애처롭게 손을 모으고 흐느껴 울었어요. "엄마한테 가고 싶어!" 엄마는 그 때 옆방에서 옷을 갈아입고 있었어요. 나는 올랴 옆에 앉아서 어깨를 어루만져주었죠. 올랴는 입을 삐죽하게 내밀고 더 슬픈 표정을 지으며 말했어요. "엄마랑 같이 있고 싶어!" 나는 아무 말도 하지 않고 불쌍한 생각에 조카의 어깨만 감싸 주었죠. 그러자 조카는 내 무릎 위에 앉아 얼굴을 내 가슴에 묻고 흐느껴 울기 시작했어요. 나는 조카를 안은 채 말했죠. "엄마 곁에 있고 싶어? 엄마가 집에 있었으면 좋겠어?" 조카는 고개를 끄덕이더니 잠시 후 울음을 그쳤어요.

솔직히 나는 이런 아이의 행동에 당황스러웠어요. 이렇게 빨리 효과를 보리라고는 생각도 못했거든요. 나는 말을 계속 했어요. "엄마가 지금 급한 일이 있어서 나가시는 거야. 그건 너도 알지? 그래도 엄마가 안 나갔으면 좋겠

어?" 조카는 또 고개를 끄덕였어요. 나는 계속 조카의 어깨를 어루만지면서 말했어요. "올랴는 참 착하지. 네가 울음을 그치니까 이모가 너무 좋구나. 지금은 좀 슬프지만 엄마 앞에서는 울지 않을 거지? 엄마를 실망시키지 않을 거지?" 이 말을 하면서 나는 조카의 눈을 보며 웃었어요. 조카도 나를 보고 웃으며 다시 내 가슴에 기대어 물었어요. "이모, 책 읽어줄래?" 나는 올랴와 함께 책을 읽었고 올랴는 금세 편안하게 잠이 들었어요. 언니는 처음으로 올랴의 우는 모습을 보지 않고 외출할 수 있었어요.

이 아가씨의 경우와 마찬가지로 대부분의 부모는 아이들이 빠른 시간에 새로운 대화 방법을 습득하게 되는 것을 보고 놀라움을 금치 못한다. 다음 예는 한 엄마가 보내준 편지이다.

존경하는 기펜레이테르 선생님께!

안녕하세요!

제가 아들과 한 대화를 편지로 보냅니다. 마음에 드셨으면 좋겠어요. 되도록이면 그날 있었던 우리의 대화를 그대로 옮기겠습니다.

부활절 전날에 저는 아들과 함께 부활절 케이크를 수플레^{설탕을 탄 달걀흰자-옮긴이}로 장식했어요. 여섯 살인 큰 아들 파샤는 저를 열심히 도와주었어요. 그런데 달걀흰자가 잘 일어나지 않을 뿐 아니라 냄비 밑에 가라앉아 버려서 기분이 별로 안 좋았어요.

"이 수플레로는 케이크를 만들 수 없을 것 같아. 계란이 거품도 잘 나지 않고 밑바닥에 가라앉아 버렸어. 이걸 어떻게 케이크 위에다 바르지? 어떻게 해

야 하지……."

"엄마, 계란에 거품이 나지 않아서 케이크를 만들 수 없단 말이야? 엄마 정말 기분이 나쁘겠다. 이제 케이크에 장식을 할 수 없게 되어버렸네."

옆에서 내 말을 듣고 있던 파샤가 근심 어린 눈으로 나를 보면서 말했어요.

"응, 맞아."

"엄마는 우리를 즐겁게 해주려고 했는데 잘 안 되어 기분이 나쁜 거구나."

"그래."

"엄마, 엄마는 우리가 부활절을 즐겁게 지내게 하려고 최선을 다했잖아."

"그래, 맞아."

"엄마, 그러니까 걱정하지 마. 방법이 있어. 내가 좋아하는 마멀레이드로 케이크를 장식하거나 아빠한테 전화해서 계란을 사오라고 하면 되잖아. 아빠가 계란을 사오면 계란 거품 내는 것을 내가 꼭 도와줄게. 알았지, 엄마. 난 정말 엄마를 도와줄 수 있어. 그렇게 하면 아무 문제없이 다 잘 될 거야."

아들이 이렇게 말한 순간 저는 하마터면 믹서를 떨어뜨릴 뻔 했어요. 마음

이 따뜻해졌을 뿐만 아니라 제가 최근
에 아이와 대화를 나눌 때 사용했던
제 표현들을 아이에게서 들었던
게 너무 기뻤어요.
감사를 드리면서 M. P.

이 엄마는 '이야기 적극 들어주
기' 기술을 습득하기 위해 노력을 했고 결국 성공했다. 내가 직접 경험한
것은 아니지만 실제로 이런 '기적 같은 일'이 일어났다는 사실을 듣고 확
인할 수 있어서 너무 기쁘다.

만약 이렇다면 어떻게 해야 하나요

이제 부모들이 가장 많이 했던 질문들에 대해 대답을 해보도록 하자.

질문 : 아이가 아직 말을 못해도 아이의 이야기를 적극적으로 들어 줄 수
있나요?

대답 : 물론 그렇게 할 수 있습니다. 엄마들은 말 못하는 아기의 이야기를 본
능적으로 듣습니다. 이것이 어떻게 가능한지 한번 살펴보도록 하죠.
아기가 울면서 칭얼대면 엄마가 다가가서 부드럽게 말합니다. "우
리 아기, 왜 그래? 배가 고파? 하지만 아직 좀 이른데…… 아, 물이
마시고 싶구나?" 아기 입에 물병을 대보지만 아기는 고개를 돌립니

다. "마시고 싶지 않구나! 쉬를 했나?" 확인해 보지만 젖지 않았습니다. "그냥 계속 누워 있어서 싫증이 났나 보구나." 그리고 아기를 안아주자, 아기가 방긋 웃습니다.

무슨 일이 일어났는가? 엄마는 아기의 불만을 스스로 추측하여 말하면서 '문제해결'을 도와주겠다는 것을 보여준다. 아기는 아직 엄마의 말을 이해하지 못하지만 말투와 행동 때문에 엄마가 어떤 감정으로 말하는지 느낄 수 있다. 엄마는 행동으로 아기에게 무슨 일이 있는지 '적극 들어주기'를 했다^{박스3을 보라}.

질문 : 저에게는 '이야기 적극 들어주기' 기술이 도움이 되지 않아요. 딸은 계속 말을 듣지 않아요. 이런 상황에서 제가 어떻게 해야 하나요?

'행동으로 이야기 적극 들어주기'

'이야기 적극 들어주기'는 상대방이 말한 내용을 자기 식으로 '되풀이하여' 표현함으로써 자신이 상대방의 문제를 이해하고 있으며, 또 같이 느끼고 있다는 사실을 보여주는 것이다. 그렇다면 '말을 하지 않으면서 상대방에게 내 마음을 전달할 수 있는 방법은 없을까?' 물론 있다. 이해와 배려를 표현하는 방법은 여러 가지이기 때문이다.

가장 쉽게는 말 대신 행동을 통해 상대방에게 이해와 배려의 마음을 전달할 수 있다. 예를 들면, 방 청소하는 아이를 돕거나, 잃어버린 공책을 같이 찾아주고, 고장 난 장난감을 수리해줄 수도 있다. 이런 행동은 아이나 혹은 가까운 사람들이 순간적으로 어려움에 처했을 때 우리가 해줄 수 있는 아주 사소한 것들이다.

좀 더 신중하게 상대를 배려할 수도 있다. 인간이 느끼는 정신적인 행복의 척도는 자신의 욕망이 얼마만큼 충족되었는가에 달려있다. 아이들뿐만 아니라 어른들도 좋은 사람이라는 평판을 들으려 하고, 사랑 받기를 원하며, 반드시 성공한다는 확신을 갖고 싶어 한다. 그리고 자기가 하고 싶은 일이나 직장, 자신의 미래, 사귀고 싶은 친구를 마음껏 선택하고 싶은 욕망을 가지고 있다. 당신 주변의 모든 사람들이 가진 이 기본적인 욕망에 대해 당신은 '듣고 있다'는 사실을 행동으로 보여줄 수 있다. 뿐만 아니라 꼭 그렇게 할 필요가 있다!

예를 들어 우리가 아이에게 사랑한다는 걸 보여주는 방법에는 어떤 것들이 있을까?

먼저, 친절하고 사냥하게 아이와 대화를 나누거나 따뜻하게 대해주는 방법이 있다. 따뜻한 마음으로 아이를 대하거나 대화할 때 가장 중요한 것은 아이를(혹은 가까운 사람을) 비판하지 말고 그가 '좋은 사람'이라는 사실을 일깨워주는 것이다.

다음으로는 신체적인 접촉, 즉 부드럽게 만지거나 안아 주는 행동을 통해 사랑한다는 걸 보여줄 수 있다. 실제로 그렇게 하는 것이 말보다는 훨씬 효과적인 방법이다.(하루에 8번 이상 안아주라고 한 사티르의 주장을 기억하자!) 성장기에 있는 모든 아이들은 물론이고 가능하다면 어른들에게도 그렇게 하는 것이 훨씬 좋다.

자유를 주게 되면 성공을 위해서 자신을 만들어 나가게 된다.

이 예에는 당신이 '해야 하는 행동'(안아주고, 무언가를 주고, 후원해주고)과 '해서는 안 되는 행동'(비판, 조정, 부담)이 있다. 이 모든 행동은 인간의 가장 절실한 욕구가 무엇인지 '들을 수 있는' 기회를 제공한다. 이를 통해 우리는 다음과 같은 결론에 도달하게 된다.

'행동으로 이야기 적극 들어주기'는

아이에게 필요한 것이 무엇인지

또는 어른에게 인생에 있어서 필요한 것이 무엇인지

이해하려고 노력하는 것을 의미한다.

'행동으로 이야기 적극 들어주기'를 일반적인 형태의 '이야기 적극 들어주기'와 함께 사용하면 상호이해와 신뢰, 그리고 인격의 성장에 단단한 기반을 만들 수 있을 것이다.

이런 질문을 받고 어떤 상황이었는지 자세히 말해달라고 부탁했을 때 엄마는 이렇게 대답했다.

어제 딸에게 "자러 가야지, 벌써 많이 늦었다."라고 했어요. 그러자 딸은 "싫어, 아직 늦지 않았잖아."하고 대답했어요. 저는 '이야기 적극 들어주기'를 떠올리고 "잠자기 싫구나!" 하고 말했지요. 그랬더니 딸은 "응, 싫어."라고 대답하고는 계속 텔레비전을 봤어요.

대답 : 이 질문 속에는 중요한 실수가 한 가지 있습니다. '이야기 적극 들어주기'는 아이가 부모의 요구나 요청을 실천하도록 하는 것이 아니라는 사실을 다시 한 번 강조하고 싶습니다. 이것은 부모가 원하는 방향으로 아이의 행동을 바꿀 수 있는 어떤 새롭고 영리한 기술이 아닙니다. 앞에서 말한 것처럼 '이야기 적극 들어주기'는 당신과 상대방이 신뢰를 바탕으로 대화를 잘 할 수 있도록 만드는 방법입니다. 원하는 것을 성취하거나 문제의 쉬운 해결이 이루어지기 위해서는 서로 신뢰하는 분위기가 필수적이기 때문에 '이야기 적극 들어주기'를 하는 것입니다.

이 엄마의 질문은 우리에게 '이야기 적극 들어주기' 기술은 언제나 어디서나 사용할 수 있는 것이 아니라 일정한 상황이 주어져야 효과적이라는 사실도 알려주고 있다. '이야기 적극 들어주기'는 대화 상대자가 당신보다도 훨씬 더 감정적으로 상처를 받았을 때, 즉 걱정을 더 많이 하고 있을 때에 훨씬 효과적이다. 이 경우에는 엄마가 딸보다 더 많이 걱정하고 있기 때문에 효과를 거두기 힘들었다고 말할 수 있다.

질문 : '이야기 적극 들어주기'를 하면서 어떻게 상대방의 문제 해결을 도와줄 수 있나요? 조언을 하는 것이 좋은 방법이 아니라면 어떤 방법으로 상대방을 도울 수 있다는 말인가요?

대답 : 결론부터 말씀 드리겠습니다. 심리학자들의 경험과 실험에 따르면 사람의 감정적인 문제는 그 자신 이외에 누구도 해결할 수 없다고 합니다. 자기 경험을 들려주는 등의 조언도 결코 좋은 결과를 만들어내지 못한다고 합니다. 하지만 우리가 상대방의 이야기를 들어주는 것은 상대방에게 커다란 도움이 된다고 합니다. 특히 강조하고 싶은 것은 '감정이입을 하고 듣는 것empathic listening' 이 '이야기 적극 들어주기' 방법 중에서도 가장 효과적이라는 사실입니다. '감정이입을 하고 듣는 것' 은 유명한 심리학자 칼 로저스가 확립한 카운슬링 이론의 주요한 방법이기도 합니다.

우리가 반드시 기억해야 할 것이 있다.

사람은 아이든 어른이든 심리적인 지원을 받으면
자기 문제를 스스로 해결할 수 있는 방법을 찾을 수 있다.

심리적인 지원이란 무엇을 의미할까? 심리적인 지원이라는 의미 안에는 이미 우리가 잘 알고 있는 많은 것들이 포함되어 있다. 첫째, 당신이 상대방 옆에 있으면서 상대방이 말하고 싶은 만큼 말할 수 있도록 기회를 주는 것을 의미한다. 둘째, 당신이 상대방의 감정을 알고 있음을 그 감정 상태를 이야기하거나 분류함으로써 알려주고 상대방은 당신의 말투와 행동으로 그것을 알게 되는 것을 의미한다. 셋째, 당신이 상대방에게 생각할 시간과 마음속으로 자기생각을 정리할 수 있는 기회를 주기 위해서 잠깐씩 멈추거나 상대방의 감정 상태에 너무 적극적으로 개입하지 않는 것을 의미한다. 넷째, 상대방이 자기 문제를 스스로 해결할 수 있는 능력이 있다는 것을 당신이 상대방의 감정 상태에 적극적으로 개입하지 않음으로써 알려주는 것을 의미한다.

어떻게 아이의 마음을 읽을 수 있을까

'이야기 적극 들어주기'를 할 경우에 빠른 시간에 가장 긍정적으로 변하는 것은 놀랍게도 그 기술을 익히려고 하는 자기 자신이다. '이야기 적극 들어주기'를 하는 사람은 차분해지고 참을성이 많아져서 자신의 아이들이나 가까이 있는 사람들에게 화를 덜 내게 된다. 처음에는 그냥 외적인 기술로만 보이는 것이 일정한 시간과 과정을 지나면서 폭넓은 변화를 만들어낸다. 부모는 아이가 무엇을 원하는지 더 잘 알 수 있게 되고, 아이의 '나쁜' 행동에 대해 성급한 반응이나 지나친 대응을 자제하고, 왜 아이가 그런 행동을 하는지에 대한 이유를 알려고 더 많이 노력한다. 한 엄마가 보내준 편지를 예로 들어보자.

일곱 살짜리 아들 바샤는 벌써 한 학기 정도를 혼자서 학교에 다니고 있습니다. 학교가 집 근처에 있긴 하지만 남편과 저는 아이가 혼자 등하교하는 것이 걱정이 되었습니다. 그래서 바샤에게 학교에 도착하면 잘 도착했다는 전화를 하고 수업을 마치고 나올 때도 전화를 해 달라고 했습니다. 바샤는 그렇게 하겠다고 약속을 했습니다. 약속한 첫날에 바샤는 약속대로 전화를 해 주었습니다. 하지만 다음날 바샤는 전화를 하지 않았습니다. 저는 너무 걱정이 되어서 학교로 뛰어갔더니 바샤는 전화하는 것을 잊어버렸다고 말했습니다. 그리고 다음날에도 바샤는 전화를 하지 않았습니다.

"잊어버렸어? 학교 갈 때 엄마가 말했잖아!" 저는 화가 나서 소리쳤습니다.

바샤는 제가 주는 벌을 모두 묵묵하게 받았습니다. 벽을 보고 서있으라고 하면 서 있고, 만화영화를 보지 말라고 하면 보지 않았습니다. 하지만 그 다음날 학교를 가서는 또 전화를 하지 않았습니다. 전화하라는 말에 대해서 건성으로 그러겠다고 대답하고는 잊어버리는 것 같았습니다.

저는 자녀교육에 관한 책들을 살펴보던 중 『내 아이와 어떻게 대화할 것인가』에 나와 있는 방법을 사용해 보기로 했습니다. 물론 그렇게 큰 기대는 하지 않았습니다.

"친구들이 너를 놀리는구나!"

저는 아이의 상태를 추측해서 말했습니다.

"응, 친구들이 나를 마마보이이라

고 놀려."

바샤는 다른 사람의 일처럼 건성으로 대답했습니다.

우리는 오랫동안 대화를 나누었습니다. 저는 전화를 할 때마다 느껴야 했던 친구들의 비웃는 시선이 아들을 얼마나 힘들게 했는지 잘 이해할 수 있었습니다.

"잘 알았어. 우리는 그 동안 서로를 오해한 것 같구나. 엄마는 친구들이 너를 마마보이라고 부르는 걸 원치 않아. 하지만 엄마는 네 걱정을 하면 혼자 있을 때 너무 두렵고 무섭단다. 그럴 때 크고 힘센 목소리로 네가 엄마한테 전화를 해주면 무서움에서 벗어날 수 있을 것 같아."

그 일이 있고 난 후에 바샤는 딱 한 번 전화를 하지 않았는데 학교에 있는 전화기가 고장이 났을 때였습니다.

이 이야기에서 엄마는 아이의 어려운 상황을 깊이 이해했다. 아이는 친구들 앞에서 '마마보이' 처럼 보이기 싫어했다. 아이는 아무 말도 하지 않았지만 엄마는 그 일을 추측해냈다. 이렇게 추측하는 방법은 부모가 아이의 마음속에 있는 걱정을 '들을 수' 있고 아이를 이해할 수 있다고 말해주는 것이다. 이것은 '이야기 적극 들어주기' 보다도 더 깊고 적극적인 행동이다.

여기 또 하나의 '들리는 것' 에 대한 예가 있는데 에다 레샨이라는 미국 심리학자의 책에 기록되어 있다.

큰 아들 다윗의 생일 파티가 끝나 가는데 동생 피터가 떼를 쓰기 시작했다. 네 살 된 작은 아들은 엄마 아빠가 모두 형 다윗에게만 관심을 쏟는 것이 참기 어려웠던 것이다. 그때 아빠가 피터에게 우유를 먹이려고 했다. 피터는 아빠의 손등을 치면서 "아빠 싫어! 그냥 나를 혼자 두고 가!"라고 말했다. 아빠는 심하게 혼낼 수도 있었고, "이게 무슨 짓이야?"라고 하면서 저녁을 주지 않고 자기 방으로 쫓아버릴 수도 있었다. 하지만 아빠는 아이의 행동에 답하는 대신 사랑이 담긴 큰 눈으로 아들을 가만히 바라보았다. 이 모습을 본 아이는 자기가 한 행동에 스스로 놀라고 있었다. 이어서 큰 아들 다윗이 들어와 동생을 안아주면서 말했다. "불쌍한 우리 피터, 오늘 많이 힘들었지? 우리 방으로 가서 쉬자."

당신이 아이에게 우유를 주기 위해 손을 내밀었는데 아들이 "아빠(엄마) 싫어!"라고 말하며 그 손을 쳤다. 당신은 어떻게 반응해야 할까? "이게 무슨 짓이야?"라고 화를 내거나, 책망을 하고, 야단을 쳐야 하는 것일까?

위의 이야기에 나온 아이 역시 아버지가 그를 본 순간 벌을 받게 될 것이라고 예상했다. 스스로 놀란 아이의 눈빛이 이 사실을 말해준다. 그런데 아버지의 행동은 아이의 예상과 달랐다. 어떻게 이런 행동이 가능했을까? 아이는 너무 피곤했고 형에게 아버지의 사랑을 빼앗긴 것 같아서 마음이 불편했다. 그래서 아이는 자신의 속마음과는 정반대로 행동했다. 아이의 행동은 '아빠, 나는 사랑이 필요합니다. 아주 오랫동안 참고 기다리고 있었어요' 라는 의미였고 아버지는 이 '숨은 메시지' 를 읽었다. 아버지가 아이에게 벌을 주는 대신 애정 어린 눈길을 보낼 수 있었던 것은 이 때문이었다.

레샨은 다음과 같은 감동적인 말로 이 상황을 마무리하고 있다.

교육의 기본 바탕이 이해와 공감이라는 것은 오래 전부터 전해 내려오는 사실이다. 피터는 지금 22살이다. 그가 사람들을 배려하는 아름다운 청년으로 성장할 수 있었던 것은 어린 시절 부모로부터 받은 교육 때문임을 나는 확신한다.

아이의 일상적인 생활에 대한 부모의 이해는 아이와의 관계를 원만하게 형성하기 위해서도 반드시 필요하다. 여기 열 살짜리 아들과 엄마의 대화를 보자.

"엄마, 나 폐짜 집에 놀러 가면 안 돼?"
"너무 늦었잖아. 우린 저녁도 먹어야 하고 곧 자야 할 시간인데……."

"엄마, 난 지금 놀고 싶어."

"친구 집에 놀러 가기엔 너무 늦은 시간이야."

"나 조금만 놀다 올게. 페짜가 기다리고 있을 거야."

"너무 늦어서 안 된다니까. 그런데도 계속 보채면 엄마가 너무 힘들어. 알 겠지?"

"엄마는 계속 안 된다고 하지만 난 이미 페짜와 약속을 해 버린 걸 어떻게 해?"

엄마와 아이의 대화 중에 추가적인 상황이 발생했다. 아이는 놀고 싶은 마음도 있지만 더 중요하게는 친구와의 약속을 지키지 못할까 봐 걱정스러운 것이다. 이럴 때에는 아이의 걱정스러운 마음에 진지하게 관심을 보이는 것이 중요하다. 이 순간에 아이는 자신이 정한 도덕적 가치와 부딪히고 있기 때문이다. 이 엄마는 아이의 이런 상황을 이해한 후에 대화를 계속했다.

"페짜와 한 약속을 지키지 못할 까봐 걱정되는 거야?"

"응, 페짜가 기다리고 있을 거야."

"그렇구나, 친구를 기다리게 하는 것은 좋은 일이 아니지. 엄마는 우리 아들이 약속을 지키려고 하는 태도가 마음에 드는구나. 하지만 시간은 너무 늦었고…… 어떻게 하는 게 좋을지 우리 한 번 생각해 볼까?"

엄마는 몇 가지 훌륭한 행동을 했다. 먼저 엄마는 아이의 이야기를 들어 주고 난 후에 아이의 걱정을 이해했다. 그리고 아이가 약속을 지키고 싶어 하는 마음을 헤아리고 같이 생각해 보자고 제안을 했다. 엄마는 이 과정을 거친 후에 아이와 방법을 의논하면 된다. 어떤 방법이 있을까? 친구에게 전화를 해서 오늘은 못 가겠다고 하거나, 엄마와 같이 친구 집에 가서 사정을 설명하는 방법이 있겠다. 친구 집에까지 갔으므로 조금 놀다 오거나, 오늘은 늦었으니 내일 일찍 놀러 오겠다고 약속을 하는 것도 좋을 것이다. 이렇게 되면 엄마는 아이와의 대화를 원만하게 풀어갈 수 있고 갈등이 생길 일도 없다. 왜 그런 것일까? 아이가 엄마는 자신의 상황을 잘 이해하고 있으며, 또 자기를 걱정하고 있다는 사실을 깨닫게 되기 때문이다. 다음을 꼭 기억하자.

> 아이의 근심을 이해하는 첫 걸음은 아이와 좋은 관계를 유지하는 것이다. 좋은 관계를 가지고 있을 때 '이야기 적극 들어주기'가 큰 도움이 된다.

밀턴 에릭슨과 슬픔에 젖은 그의 아들의 대화를 보며 이 단원을 마무리하겠다. 이 이야기는 심리학자인 에릭슨 자신의 실제 경험이다. 그래서 심리학자인 그가 문제적 상황이 발생했을 때, 그 상황을 어떻게 받아들이고 대처했는지에 대한 설명을 볼 수 있어 매우 유용하다.

세 살짜리 아들 로버트가 계단에서 넘어졌다. 아내와 함께 달려갔을 때, 아이는 입안에 피가 가득한 채로 땅에 누워서 아주 크게 소리치며 울고 있었다. 이빨과 입술을 심하게 다쳐서 아프기도 했겠지만 피가 많이 흐르는 것이 무서웠기 때문에 더 크게 우는 것 같았다. 나는 침착함을 유지하면서 동시에 신속하게 움직여야 한다는 생각이 들었다.

일단 우리는 아이를 안아 주지 않았다. 대신 아이가 울음을 멈추고 잠시 숨을 고르느라 머뭇거리고 있을 때, 재빨리 말했다. "로버트, 많이 아플 거다! 굉장히 많이 아플 거야." 그 순간 아이가 나를 믿고 내 말에 귀를 기울이면서 나에게 의지하게 된 것은 단지 내가 자신의 아픔을 잘 안다고 말하면서 서두르지 않고 그 상황에 접근했기 때문이다. 아이는 아픔과 고통 속에서도 내 이야기를 들을 수 있는 마음의 준비를 했다.

이어서 나는 "상처가 다 나을 때까지 한동안은 계속 아플 거다. 하지만 너무 겁먹을 필요는 없다." 라고 말해서 아이에게 지금 자신이 고통스럽고 두려운 상태라는 것, 즉 자기가 처해있는 상황을 이해할 수 있도록 설명했다. 아이는 금세 자신의 두려움과 아픔을 인식했다. 그리고 그 상황이 당분간 지속될 것이라는 것도 이해했다.

다음 대화를 어떻게 시작하느냐의 문제가 우리 두 사람에게는 대단히 중요했다. 아이가 다시 숨을 몰아쉬었을 때 "로버트, 너는 이 아픔이 빨리 없어지기를 원하고 있을 거야. 그럴 거야. 아무렴!"이라고 하면서 고통에서 벗어나기를 원하는 아이의 바람은 당연한 것이라고 인정하고 격려해 주었다. 이것은 아이는 물론, 나 자신도 의지하고 싶은 희망과 기대였다.

"아마 곧 아프지 않게 될 거다. 잠깐, 아주 잠깐이면 돼." 나는 나를 확실하게 믿고 의지하는 아이에게 암시일 수도 있는 말을 했다. '아마' 라는 가정假定으로 표현된 이 말은 아이가 스스로 자신이 처한 상황을 이해하고 받아들이는 데에도 도움이 되었다. 아이는 이 말의 뜻을 잘 받아들이고 반응하기 시작했다. 거의 상황이 정리되자 울음을 그친 아이의 행동도 많이 침착해져 있었다.

여기에서 에릭슨은 단지 아주 간단한 몇 마디의 말만을 사용했다는 사실을 지적하고 싶다. 하지만 그의 한 마디 한 마디는 매우 섬세하고 정확한 표현이었다.

처음에 그는 아이의 입장에 서서 말했는데 "많이 아플 거다! 굉장히 많이 아플 거야."라는 표현은 아이가 겪고 있는 고통과 정확하게 들어맞는 것이었다. 다음으로는 "상처가 다 나을 때까지 한동안은 계속 아플 거다. 하지만 너무 겁먹을 필요는 없다."고 한 말인데 이 표현은 아이에게 아버지도 자기의 아픔과 무서움을 다 알고 있다는 것을 보여줌으로써 계속해서 아이와 감정적 일체감을 형성하고 있다. 에릭슨 스스로도 이것을 깨달았다. 그래서 "로버트, 너는 이 아픔이 빨리 없어지기를 원하고 있을 거야. 그럴 거야. 아무렴!"이라는 말을 자연스럽게 건넬 수 있었다. 중요한 것은 이 표현이 앞에서 한 몇 마디의 말과는 완전히 다른 특징을 지닌다는 것이다. 이 표현에서는 지금 아이가 느끼는 고통을 말해줄 뿐만 아니라 아이의 고통이 멈추기를 바라는 자신의 기대와 희망까지를 드러내고 있다. 이렇게 서로의 공감을 이끌어내는 표현은 대단히 유용한 대화의 재료이자 대화의 기술이다. 이 표현을 통해 두 사람의 대화는 매우 '긍정적인 진보'라고 할 수 있는 변화를 보여준다.

불행이나 고통을 겪고 있는 사람은 터널의 끝에 빛이 있듯이 앞으로는 좋은 일만 있을 것이라는 긍정적인 이야기를 통해 자신의 고통을 잊어버리기도 한다. 그리고 과거에 성공했던 이야기와 함께 그의 가능성에 대해 말해주면 그 효과는 배가된다. 이런 역할은 주로 경험 있는 '청자聽者'가 맡는 것이 좋다. 불행이나 고통을 겪고 있는 사람에게는 설득보다 긍정적인 기분과 희망을 갖게 해 주는 것이 중요하기 때문이다. 에릭슨의 표현 가운데 "아마 곧 아프지 않게 될 거다. 잠깐, 아주 잠깐이면 돼."라는 말이 여기에 해당하는 말이었다. 더불어 에릭슨은 '아마' 라는 어휘의 중요함을 강조하고 있다. 이 '아마' 라는 정확한 표현을 통해 에릭슨은 자신의 말이 단지 아이를 '일부러' 안심시키기 위해 하는 것이 아니라는 사실을 명확히 드러내고 있다. 그리고 아들은 곧 나을 것이라는 희망을 의심 없이 받아들인다.

우리는 에릭슨의 일화를 통해 사고를 당한 아들과 아버지의 대화가 어떻게 발전되었으며 어떻게 결론에 도달하는가를 살펴보았다. 대화의 끝부분에 이르러서 아이는 자신의 아픔과 무서움을 떨치고 울음도 그쳤다. 아버지가 자신을 이해하고 또 자신의 아픔에 공감하고 있다는 것을 신뢰했기 때문이다. 모든 것이 아버지의 섬세하고 정확한 표현과 배려 덕분이었다.

"여보, 이것 좀 봐요. 우리 아들의 피가 얼마나 붉은지! 진짜 남자가 아니면 이렇게까지 붉지 않거든." 내 말에 아내 역시 그렇다고 동의를 표시했다. 나는 로버트의 손을 욕실로 이끌면서 이렇게 말했다. "이 피가 진짜 남자의 피인지 아닌지 어디 세수를 하면서 확인해 볼까? 진짜 남자 피라면 물에 씻을 때 장밋빛으로 바뀌거든."

상황이 정리된 다음에 보여준 에릭슨의 행동은 지금까지와는 다른 의미로 매우 중요하다. 에릭슨은 그 중요성에 대해 다음과 같이 설명을 붙

이고 있다.

아이든 어른이든 사람은 누구나 예기치 못한 상황에 처하면 자기 자신을 하찮고 창피한 존재라고 생각하기 마련이다. 그러므로 이런 상황 속에서는 자신이 귀중한 존재임을 깨닫게 만드는 것이 무엇보다 중요하다. 스스로 귀중한 존재임을 깨닫는 것은 불행을 극복하는 가장 큰 힘이기 때문이다.

이제까지 살펴본 네 가지의 예들은 '이야기 적극 들어주기'의 기술을 훌륭하게 익힌 사람들에 의해서 이루어지는 행동이다. 하지만 그들 역시 어느 날 갑자기 그 기술을 습득하고 사용할 수 있게 된 것은 아니다. 모두에게 오랜 기간의 노력과 힘든 과정이 필요했다.

다음 Chapter에서는 교육현장과 일상생활에서 응용할 수 있는 대화의 기초 기술을 알아보도록 하자.

chapter 02

어려운 감정의 세계

대화를 할 때, 자신의 감정을 표현하는 것은 이야기 들어주기 못지않게 중요하다. 자기의 감정을 표현하고 나누어줌으로써 우리는 상대방이 우리를 이해할 수 있게 만든다. 물론 상대방이 감정표현을 받아들일 준비가 되어있는지 아닌지도 중요하다. 하지만 우리가 자신의 감정에 대해서 어떤 형식으로 '이야기' 할 것인가는 상대방의 준비 여부에 관계없이 언제나 가장 중요한 일이다.

『내 아이와 어떻게 대화할 것인가』에서는 여기에 대한 Chapter Chapter 07. 우리 부모들이 힘들 때는 어떻게 해야 할까를 따로 떼어서 서술했다. 우리는 그곳에서 '나-메시지' 라는 기술에 대해 이야기하면서 자신의 감정을 드러내는 방법과 그것이 가진 장점을 자세히 살펴본 바 있다. 이 책에서는 간단한 설명을 한 후에 구체적인 예를 통해 주요 내용을 살펴보도록 하자.

처음부터 시작하자

부정적 감정이 일어났을 때, 그것을 무조건 참으려는 것은 옳지 않다. 모욕을 참고 견디는 것, 분노를 속으로 삭이는 것, 그리고 내면에서 감정이 폭발하고 있는데 겉으로 태연한 척하는 것은 스스로에게 아무런 도움이 되지 않는다. 뿐만 아니라 그러한 행동으로 당신이 다른 누군가를 속일 수 있다고 생각한다면 그것은 당신의 어리석음을 증명하는 것이 될지도 모른다. 당신의 손짓이나 말투, 얼굴 표정이나 눈빛을 본 상대방은 이미 당신의 기분을 눈치 채고 있기 때문이다.

이런 경우 우리는 내부의 부정적 감정을 표현해야 한다. 문제는 그 감정 표현이 이제까지 사람들과 맺어 놓은 좋은 관계를 해칠 수 있다는 것이다. 사람들과 좋은 관계도 유지하고 내부의 부정적 감정도 표현하려면 어떻게 해야 할까? 대답은 간단하다. 당신이 지금 어떤 상태인지 나, 즉 일인칭으로 표현하면 된다. 이렇게 말하는 것을 '나-메시지' 라고 부른다 당신이 지금 무엇을 걱정하고 있는지, 당신의 기분이 어떤지를 상대에게 알려주는 것만으로 많은 문제를 미연에 방지할 수 있고 심지어 문제를 해결할 수도 있다.

이런 일인칭 표현, 즉 '나-메시지' 는 '나는' '나에게' '나를' 등을 사용하는 표현을 의미한다. 이 규칙에 따라 "나는 …… 싫어해." "내게 …… 어려워." "나는 …… 피곤해." 등의 표현들로 시

작하는 문장을 쓸 수 있다. 예를 들어 "나는 주변이 이렇게 시끄러울 때는 통화하는 게 싫더라."라는 방식으로 말하는 것이다.

여기서 반드시 기억해야 하는 것은 부정적인 '너-메시지'를 피해야 한다는 것이다. 즉, '네가' '너에게' '너 때문에' 등으로 시작하는 표현을 사용하면 안 된다. "너는 항상 이런 식으로 행동해."라거나 "너 때문에 내가 이렇게 된 거야."라는 표현은 '너-메시지'로 이야기하는 전형적인 방식이다. 이렇게 '너-메시지'를 사용하게 되면 상대방은 바로 기분이 나빠진다. 그리고 끝까지 자신의 잘못을 인정하지 않으려는 모습을 보인다.

그리고 또 하나 중요하게 기억해야 할 것은 '수박 표현'을 피해야 한다는 것이다. '수박 표현'이란 겉으로 보기에는 '나-메시지'이지만 결국 알고 보면 비난과 질책을 내포하고 있는 것을 말한다. 예를 들어 "나는 네가 이렇게 행동하는 게 정말 싫어."라는 방식으로 말하는 것이다. 이런 식의 표현은 '너-메시지'의 다른 모습에 불과하다.

사람들은 '나-메시지'를 아주 간단하게 만들 수 있는 것으로 여긴다. 하지만 이런 표현을 사용하는 것은 생각만큼 쉽지 않고, 또 일인칭의 표현을 사용하기에 적절하지 않은 경우도 많다. 일인칭의 표현을 사용하기 힘들 경우에는 무인칭문이나 불특정 다수를 주어로 하는 표현을 사용해도 된다. 예를 들면 "사람들은 거친 행동을 싫어해." "이것은 누구나 어려워하는 문제야." "말을 잘 듣지 않는 아이들을 보고도 기분이 좋을 사람은 없지 않나?"라는 방식으로 말하는 것이다.

당신이 기분 나쁘거나 화가 났을 때, 그리고 마음에 들지 않는 일을 접했을 때는 '나-메시지'를 사용해서 자신의 감정을 표현하는 것이 좋다. 자신의 감정을 이야기하더라도 '나-메시지'를 사용하면 상대방은 그렇게 기분 나쁘지 않게 듣는다. 혹 기분이 상하더라도 아주 경미한 정도일 것이다. 왜냐하면 당신이 상대방의 잘못이나 실수, 혹은 단점에 대해서 말하는 게 아니라 당신의 감정에 대해서만 말하기 때문이다.

그런데 만약 '너-메시지'로 자신의 감정을 드러낸다면 상대방은 자신을 직접 공격하는 것으로 느낄 수도 있다. 어떤 사람 혹은 아이이 기분이 나쁠 때나 화가 날 때, 괴롭거나 고통스러울 때 무엇을 느끼는지 생각해 보자. 그리고 잠시 동안 상대방의 입장에 서서 비난의 '표적'이 되어보자. 당신은 아마도 이렇게 이야기를 하고 있을 것이다.

남 편 : (명령조로) 당신 때문에 오늘 직장에 늦었어. 그렇게 아침부터 불평, 불만을 늘어놔야 되겠어?

아 내 : (짜증난 목소리로) 또 커피 끓이다 넘치게 한 거야! 도대체 당신이 제대로 하는 게 뭐야?

어머니 : (화를 내면서) 왜 셔츠를 바지 밖으로 꺼내서 입는 거야, 응? 너무 지저분해 보이잖아!

위의 상황에서 당신이 그 비난의 대상자이라고 생각을 해보자. 그렇다면 당신은 잘못을 인정할 수 있을까? 아마 자신의 잘못을 인정하기 보다는 자신의 행동을 정당화하기 위해 이런저런 핑계를 댈 것이다.

"하고 싶은 말이 그때 생각이 나는 걸 어떻게 해요. 마음도 급하고 ……."

"갑자기 전화가 와서 받느라고 어쩔 수 없었어. 그리고 조금밖에 안 넘친 것 같던데……."

"학교 친구들도 다 그렇게 입고 다니는데……."

대부분 사람들은 이렇게 자신을 변명하기 위한 핑계를 쉽게 찾을 수 있다. 하지만 문제는 이렇게 핑계거리를 속으로 생각할 뿐이지 정작 상대방에게 직접 말하는 경우는 많지 않다는 것이다. 아무런 대응이 없기 때문에 '비난하는 사람'은 더욱 더 화를 낸다. 그러면 비난의 대상자는 '정의의 분노'가 끓어올라 억지를 부리거나 사나운 말대답으로 반격을 시도한다. 물론 계속해서 아무 말도 하지 않고 모욕감을 감추려고 노력하기도 한다.

비난 받거나 질책을 당하는 입장에 서서 생각해 보면 우리도 기분이 나빠지고 자기를 변명하거나 공격하고 싶은 마음을 느낄 수 있다. 그래서 누구라도 위에서 살펴본 대응방식과 아주 비슷하게 행동하기 마련이다. 이런 최악의 경우를 피하고 싶다면 '나–메시지'를 사용하면 된다. '나–메시지'는 당신의 생각을 위에서 본 것과는 전혀 다르게 표현해 준다.

"오늘 회사에 늦어서 기분이 좋지 않았어. 다음부터는 하고 싶은 말이 있으면 저녁에 말해줘."

"커피가 넘쳐버렸네. 아까워라…… 다시 끓여야겠네. 뭐야, 바닥도 닦아야겠어."

"나는 바지 위로 셔츠가 나오면 보기 싫더라."

이런 표현들에는 비난의 의사가 없기 때문에 전혀 다른 의미로 전달될 뿐만 아니라 상대방이 당신의 말에 귀 기울이고 당신의 의도를 잘 이해하게 되며 다시 그런 일이 생기지 않도록 노력하게 된다. '나-메시지' 를 사용하여 '가족의 의미' 를 되찾은 엄마와 딸의 경우를 살펴보자.

몇 년 전에 우리 딸은 내가 평생 교훈으로 삼을만한 행동을 했어요. 딸은 5살, 아들은 2살 이었으니까 당시에는 아이들이 많이 어렸죠. 우리는 살림이 그렇게 넉넉하지 않았기 때문에 제가 직장을 다녀야 했어요. 아침이면 저는 집안일을 하느라고 정신이 없었어요. 아이들을 깨워서 어린이 집에 보낼 준비를 시키고, 아침 식사를 마친 후에는 아이들을 어린이 집에 데려다 주고 저도 늦지 않게 직장에 가야 했거든요. 저는 이 모든 일을 시간에 맞춰야 했기 때문에 항상 서둘렀고 아이들에게 크게 소리를 지르는 일도 있었어요.

그날도 보통 때처럼 아이들에게 서두르라고 소리를 쳤어요. 그런데 딸아이가 의자에 앉아서 스타킹을 신다가 뭔가를 한참 생각하더니 "내가 크면 아이를 낳지 않을 거야!"라고 말하는 거예요. 그 말을 듣는 순간 저는 머릿속이

멍해졌어요. 무슨 말을 해야 할 지 알 수가 없는 거예요. 정신을 차리고는
"왜?"라고 물었어요. "아이가 있으면 나도 엄마처럼 힘들어질 테니까." 머리
를 무언가로 얻어맞은 것 같은 느낌이었어요. '이제까지 내가 아이들에게 무
슨 짓을 하고 있었던 거지!' 그 짧은 순간에 매일 아침 제가 딸에게 했던 행동
이 눈앞으로 지나갔어요. 아찔했죠. 저는 그와 같은 잘못을 반복하지 않겠다
고 결심을 했어요. 그리고 지금까지 노력하고 있어요.

이 이야기 역시 아이가 '이야기 적극 들어주기'를 엄마에게 한 것이라
고 볼 수 있다. 아이는 엄마가 하는 행동 때문에 많이 힘들었다. 보통의
아이였다면 엄마에게 투정을 부리거나 짜증을 냈겠지만 이 아이는 그렇

게 행동하지 않았다. 다만 자기의 생각을 엄마에게 전달했을 뿐이다. 아이의 말은 성공적인 결과로 나타났다. 가족의 생활이 바뀌기 시작한 것이다. 물론 그 출발은 아이와 엄마였다. 엄마는 다른 가족들의 감정을 고려해서 행동했고 그 결과 서먹했던 가족들의 관계가 화목해졌다. 그리고 그 경험은 너무도 강렬했기 때문에 엄마는 이를 평생의 교훈으로 삼게된 것이다.

효과 없는 '나-메세지'?

'나-메시지'가 아무런 효과가 없다고 불평하는 사람들을 가끔 본다.

저는 남편에게 항상 '나-메시지'로 이야기를 합니다. "여보, 나는 당신과 이야기 하고 싶어."라고 이야기 하거든요. 하지만 남편은 밤새도록 컴퓨터만 합니다.

이 경우는 대표적으로 '나-메시지'의 목적을 혼동하고 있다. '나-메시지'의 목적은 다른 사람의 행동을 변화시키려는데 목적이 있는 것이 아니다 이것을 반드시 기억해야 한다. 그럼에도 우리는 자주 이런 유혹을 느낀다. 하지만 목적이 잘못되어 있는데 어떻게 좋은 결과를 기대할 수 있겠는가?

이렇게 '나-메시지'의 목적을 혼동하는 것과 함께 대표적으로 '나-메시지'를 잘못 사용하는 것으로 자신의 진심을 전달하는 데 서툴고 미숙한 경우가 있다. 두 아이를 키우는 엄마가 보낸 편지를 보자.

안녕하세요!

저는 아직 초등학교에 입학하지 않은 두 딸을 두고 있는 엄마입니다. '나–메시지'를 사용한 지는 2년 정도 되었습니다. 그런데 저는 얼마 전에야 제가 진심으로 말하지 않는다는 사실을 발견했습니다. '나–메시지'를 아주 잘못된 방법으로 사용했던 것입니다.

저는 '나–메시지'를 사용해 제 감정을 충실하게 표현하기 보다는 아이들이 무서워하도록 '화를 낸다'는 말을 습관처럼 내뱉었습니다. 방바닥을 어지럽히며 놀고 있는 아이에게는 "얘들아, 엄마는 지저분한 방을 보면 화가 나. 계속 이렇게 방을 어지럽히면서 놀면 화를 낼 거야."라고 말했고 밤늦게까지 아빠와 놀고 있는 아이를 보면 "제 시간에 자러 가지 않으면 화를 낼 거야."라고 말했습니다.

한 번은 제가 아이들에게 말하는 것을 듣고 있던 남편이 물었습니다. "당신은 아이들에게 밥을 먹지 않아도 화낼 거야라고 하고 말 듣지 않아도 화낼 거야라고 말하는데 도대체 화낸다는 게 무슨 뜻이야?" 저는 남편의 말을 곰곰이 생각해 보았습니다. 아마도 아이들이 어떤 행동을 하든지 제가 똑같은 말을 하니까 아이들도 제 말을 귀담아듣지 않았던 것 같습니다.

그래서 저는 '그래 맞아! 아이들도 내가 항상 이렇게 말할 때 무슨 뜻인지 이해하지 못했을 거야. 나의 가장 큰 실수는 내 진심을 전달하지 않고 항상 습관적으로 말했던 것이었어.' 라는 사실을 깨닫게 되었습니다.

'나-메시지' 를 사용할 때는 확실한 목적과 함께 솔직한 마음을 가져야 된다, 정말로 자기의 감정에 대해 말하고 싶은지, 하려는 말이 솔직한 마음인지 혹은 당신의 말로 상대나 상황을 변화시키겠다는 기대를 가지고 있는 것은 아닌지에 대해 곰곰이 돌아볼 필요가 있다. 여기에는 아주 섬세한 차이가 있다. 자기의 마음을 솔직하게 나타낼 때 상대방이 우리 감정을 이해할 수 있다. 그러나 진심으로 말하지 않으면 상대방은 그냥 우리말을 무시하게 된다.

다시 한번 강조하지만 '나-메시지' 의 목적은 당신의 대화의 상대자인 아이혹은 어른가 당신의 이야기를 듣고 당신을 이해하게 만드는 것이다. 당신이 이야기를 하지 않으면 상대편은 당신이 원하는 것이 무엇인지 전혀 알 수 없기 때문이다. 당신은 마음을 표현하지 않아도 상대가 그 마음을 알아주기를 바라겠지만 그것은 어디까지나 희망사항일 뿐이고 그렇지 못한 경우가 더 많다. 아마 주변에도 이런 일을 흔히 목격할 수 있을 것이다.

저는 가족들의 도움 없이 혼자서 집안일을 도맡아 하고 있었어요. 다른 엄마들의 경우처럼 저도 많이 힘들고 피곤해서 지친 모습을 보일 때가 많았지요. 하지만 그런 저의 모습을 보고도 가족들은 집안일을 돕지 않았어요. 게다가 우리 집에서는 누구도 제 존재를 알아주거나 고마워하지 않았어요. 저는 조금씩 제 가족들을 원망하는 마음이 생겼고 어느 날 폭발하고 말았죠. "난 아침부터 저녁까지 하루 종일 온갖 집안일을 하고 있어. 하지만 우리 가족 중 누구도 나에게 따뜻한 위로의 말 한 마디 건네는 법이 없어. 도대체 나를 어떤 사람으로 알고 있는 거야. 응?" 저는 제가 이렇게 말하면 온 가족이 저에게 미안해할 거라고 생각했어요. 하지만 우리 가족들은 제 기대와는 완전히 상반된 반응을 보였어요. "우리는 엄마가 하고 싶어서 하는 줄 알았어. 그렇게 하기 싫으면 하지 마." 그리고 끝이었죠. 제가 잘못한 건가요? 아니면 무엇이 잘못된 걸까요?

엄마는 왜 가족들로부터 사랑 받지 못한 것일까?
첫째, 엄마가 자신이 힘들다는 것을 가족에게 보여주지 않았기 때문

이다. 엄마는 가족들의 도움이 필요했고 감사와 위로의 말을 듣고 싶었다. 하지만 엄마는 아무런 말도 하지 않았고 가족들은 누구도 엄마의 이런 상황을 제대로 알지 못했다. 엄마는 혼자서 오랫동안 마음만 상해 있었던 것이다.

둘째, 엄마가 '너-메시지'를 사용해서 다른 가족들을 비난했기 때문이다. 비난을 받는 사람은 보통 자신의 잘못을 쉽게 인정하지 않는다. 비난을 무시하고 변명하거나 반대로 질책을 하기도 한다. 가족들 역시 엄마의 비난을 인정하지 않았다. 만약 엄마가 계속해서 부정적인 '너-메시지'를 사용한다면 가족들은 또 다시 엄마의 비난을 무시하거나 인정하지 않고 핑계를 대서 피하게 될 것이다.

이상에서 살펴본 바와 같이 '나-메시지'가 문제 자체를 해결하는 데는 도움이 되지 않을 수 있다. 하지만 '나-메시지'는 믿음을 갖고 대화를 나눌 수 있는 분위기를 만들어준다. 모든 문제의 해결은 여기서부터 출발하는 것이다.

긍정적인 감정의 표현

'나-메시지'로 표현하는 기술을 익힌 사람들은 가능하면 '너-메시지'를 피하려고 애를 쓴다. 하지만 어떠한 경우에라도 반드시 '너-메시지'를 피해야 할 필요까지는 없다. 긍정적으로 말할 때에는 '나-메시지'와 '너-메시지'를 함께 사용하는 것이 오히려 더 바람직하기 때문이다. 그러므로 바람직한 '너-메시지'는 자주 사용하는 것이 좋다. 예를 보자.

"어제는 네가 많이 도와줘서 정말 고마웠어."

"너 혼자 알아서 척척 일하는 걸 보니 너무 기쁘다."

"네가 책을 소중히 다루는 게 굉장히 마음에 들어."

우리가 상대방을 배려할 때 쓰는 표현들도 긍정적인 표현들이다. 예를 들면 다음과 같은 문장이 있다.

사실 난 네가 컴퓨터 게임 때문에 숙제를 제대로 안 해서 걱정이 된다. 하지만 참견하지 않아도 너는 스스로 이 문제를 잘 해결할 수 있을 거라고 믿고 있단다.

우리는 항상 긍정적인 마음을 표현하는 것이 중요하다고 생각한다. 그런데 가족들 사이에는 긍정적인 감정의 표현을 잘 하지 않는 경향이 있다. 이것은 아주 잘못된 방식이다. 내가 잘 아는 어떤 사람은 자신의 어린 시절을 기억해보면 집안에서 가장 중요한 일은 어머니가 모두 다 결정했다고 말했다. 그가 기억하기에 어머니가 소리치지 않은 날은 그럭저럭 괜찮은 날이었다. 그의 어머니는 아이들을 야단 치는 것으로 문제를 해결했기 때문이다. 이것이 아이들을 교육시키는 어머니의 유일한 방법이었다 아이들뿐만이 아니라 심지어 아버지까지. 문제는 그의 어머니가 사용한 긍정적인 표현을 그가 하나도 기억하지 못한다는 것이다. 그에게 유년시절의 어머니는 애정과 따뜻함에 대한 기억으로 남아 있는 것이 아니라 가르치고 소리 지르는 기억으로만 남아 있었다. 이것은 그는 물론이고 이제는 돌아가신 어머니에게도 불행한 일이다. 나는 언젠가 이 문제와 관련이 있는 편지를 받은 적이 있다.

그전에는 몰랐던 소중한 것을 이 책을 통해 알게 되어 먼저 고맙다는 말씀을 드립니다.

저에게는 저보다 한 살 어린 동생이 있습니다. 동생과 저는 항상 잘 지내고, 아껴주고, 사랑했으며 때로는 보호하고 때로는 자상하게 가르쳤지만 딱히 꼬집어 말할 수 없는 서먹함이 있었습니다. 그러던 어느 날 저는 한 가지 사실을 깨닫게 되었습니다. 지금까지 저는 다른 사람들 앞에서 무수히 동생을 사랑한다고 말했지만 정작 동생에게는 사랑한다고 말한 적이 한 번도 없었던 것입니다. 놀라운 일이었습니다. 어떻게 그럴 수가 있었을까요?

어렸을 때의 일입니다. 동생이 높은 사다리에 올라가서 거꾸로 매달린 적이 있었습니다. 저는 그 밑에 서 있었는데 한편으로는 저 높은 곳에 매달려 있는 동생이 자랑스럽기도 했지만 다른 한편으로는 놀라고 걱정이 되었습니다. 지금도 동생이 다른 사람들 앞에 서 있으면 그때의 감정이 느껴집니다.

어제는 집에 손님들을 모셨습니다. 오랜만에 동생도 불렀습니다. 저는 술잔을 들어서 지금 선생님께 말씀 드린 내용을 하나도 빠짐없이 그대로 이야기했습니다.

(……)

사람들은 다정한 말, 따뜻한 관심, 소중하게 여기는 관계 등 사소한 것들에서 행복을 느낍니다. 이러한 것들이 우리의 하루하루를 행복하게 만들어준다는 것도 알게 되었습니다. 그래서 저는 한 가지를 확신할 수 있습니다. 우리가 누군가에게 전한 좋은 감정은 반드시 우리에게 돌아온다는 것을 말입니다.

이 글에 대해서는 따로 설명이 필요 없을 것이다. 두려워하지 않고 자신의 감정을 이야기한다면 누구나 '행복한 발견'을 할 수 있다.

자기 자신에게 귀를 기울여라

'이야기 적극 들어주기' 와 마찬가지로 '나-메시지' 기술은 당신 자신을 변화시킬 수 있을 뿐만 아니라 심리적인 문제^{내면적인 문제}를 해결하는 데에도 도움을 준다. 특히 당신이 자신의 입장을 고수하기 위해 고집을 부린다거나 혹은 당신이 자기 스스로를 속이려는 것을 방지할 수 있다.

일반적으로 우리의 내면적인 문제는 '아니 싫어!' 라고 거절하는 것을 이야기하는 것이 어려운 데서부터 시작된다. "그 사람은 원하는데 난 진짜 그렇게 하는 게 싫어. 그렇다고 거절할 수도 없고. 어떻게 하겠어, 원하는 대로 해주는 수밖에." 라는 이야기를 듣는 경우가 있다. "왜 하기 싫은데도 그렇게 해요?" 라고 물으면 "그 사람이 삐칠까 봐." 또는 "화낼까 봐." 라고 대답한다. 왜 이런 일이 생기는 것일까? 친구의 부탁을 거절하지 못해서 괴로워하고 있는 한 아가씨를 예로 보자.

친구는 쇼핑을 좋아하는데 나는 가난한 학생이어서 시간도, 돈도 없다. 게다가 나는 친구의 수행원처럼 다니는 것이 정말 싫다. 하지만 친구의 부탁을 거절할 수도 없다. 거절하면 친구가 마음 상하기 때문이다.

무슨 일이 일어나고 있는가? 한 사람^{친구}은 상대방^{아가씨}이 시간이 많고 착하다는 사실을 이용하고 있으며, 그 상대방인 아가씨는 '사려 깊음' 으로 자기 자신을 속이고 있다. 자신의 개인적인 취향이나 특성, 그리고 흥미에 대해서 보다 많은 관심을 기울이는 사람은 이기적이라는 말을 듣는다^{이런 사람들에게 '이기적인 사람은 세상 누구보다 자신을 조금 더 사랑하는 사람일 뿐이다.' 라는 오스카}

_{와일드의 말이 위로가 될 것이다.} 이기적인 '나쁜 사람'들은 때때로 다른 사람이 자신보다도 더 자신을 사랑해주기를 원한다.

그렇다면 이 두 사람 중에서는 누가 더 이기적인 사람인가? 슬픈 것은 자기 자신을 속이면서까지 다른 사람을 위해 희생하고 봉사하는 사람들이 있다는 것이다. 이 주제와 깊이 관련된 예가 오스카 와일드의 동화 「진정한 친구」이다.

한 마을에 휴와 한스라는 두 친구가 살고 있었다.

휴는 아주 부자지만 교만하고, 한스는 겸손하면서 아주 착한 사람이었다. 한스는 꽃을 심고 꽃을 팔며 살았다. 한스는 휴와의 우정을 아주 소중하게 여겼고 어떤 부탁도 거절하지 않았다. 한 번은 휴가 한스에게 자기의 낡은 손수레를 주겠다고 약속했다_{그는 새 손수레를 가지고 있었다.} 그래서 한스는 친구에게 고맙다고 말을 하고 하루 빨리 그 손수레를 받고 싶다고 했다.

하지만 휴는 한스를 자꾸 이용하기만 했다. 쉴 새 없이 친구의 심부름만 하는 한스는 이젠 꽃을 심을 시간조차 없어 꽃밭은 황폐해지기 시작했다. 얼마 후에는 생활비도 없게 되었다. 휴는 우정에 대해 아름다운 말을 했다_{한스는 이} _{말을 기록해 놓기까지 했다}. 그래서 한스는 자신의 일에 관심을 갖는 것조차 부끄러워했다. 왜냐하면 우정은 그렇지 않으니까. 게다가 친구는 자기의 손수레까지 주려고 하는데…….

동화는 비극적으로 끝난다. 한스는 친구의 부탁을 받아 어디를 갔다가 어둠 속에서 길을 잃고 죽는다. 밤길을 가야 하는 한스에게 '친구인' 휴는 손전등 빌려주는 것조차 거절했기 때문이다. 한스는 약속한 손수레도 끝내 받지 못하고 죽었다. 그리고 휴는 쓸모가 없는 손수레를 그냥 길에 버렸다.

솔직히 이 동화를 읽는 동안 '마음이 찢어지는' 것처럼 아팠다. 이 동화는 무조건 받으려고만 하는 누군가와 그 누군가의 마음에 들기 위해

노력하면서 자신을 돌보지 않는 사람이 만났을 때 어떤 일이 일어나는지를 명확하게 보여주고 있기 때문이다.

아이를 교육시킬 때도 마찬가지다. 오직 희생만 하는 부모와 그 부모의 사랑을 '소비'만 하는 아이의 모습을 우리는 심심찮게 볼 수 있다. 이런 부모와 아이의 관계가 어떻게 '잘못' 반영되는지는 'Chapter 03 갈등 속에서'에서 살펴보도록 하고, 여기서는 '나'보다 '다른 사람'이 더 중요하다고 생각하는 사람들이 자신을 보호하기 위해서는 어떻게 행동해야 하는지를 살펴보겠다.

누군가를 위해 자신을 돌보지 않던 사람이 실제로 자신을 보호하는 행동을 하기 위해서는 특별한 연습이 필요하다. 이때 아이보다는 어른을 연습의 대상으로 삼는 것이 좋다. 아이를 대상으로 연습을 하게 되면 아이를 먼저 배려하는 '부모의 마음'이 개입될 것이고 그렇게 되면 또 다시 아이에게 양보하게 되기 때문이다.

가장 먼저 해야 할 일은 '불편함'이 생기면 빠른 시간 내에 그 불편함을 인정하는 것이다. 처음에는 이것도 잘 되지 않는다. 자신을 잘 돌보지 않던 사람은 자신의 불편함에 대해 별 관심이 없거나 혹은 자신의 현재 상황을 설명하고 변명하려 들기 때문이다. 이렇게 불편함을 계속 쌓아두면, 자신은 불행하고 운이 없는데다 모든 사람들이 자신을 이용만 하고 있다는 생각을 갖게 된다. 이것이 자신의 감정을 솔직하게 털어놓아야 하는 이유이다. 물론 이런 결정이 쉽지만은 않다. 그리고 결정을 했다고 하더라도 오랫동안 닫아두었던 마음의 장벽을 극복해야 하는 어려움은 여전히 남아 있다.

이 모든 과정을 넓은 의미의 '나-메시지'라고 부를 수 있을 것이다. 내가 가지고 있는 생각과 걱정을 스스로 표현한 것이기 때문이다. 이쯤에서 많은 어려움을 극복하고 남편과 성공적으로 대화를 시작한 아내의 예를 보자.

제 남편은 일요일마다 친구들과 함께 낚시를 하러 다녀요. 남편이 낚시를 좋아하고, 또 일주일 내내 쌓인 스트레스를 낚시로 풀기 때문에 낚시터로 가는 남편을 말릴 수가 없었어요. 저도 주말에 혼자서 집에 있는 것이 싫어요. 하지만 "나는 좀 외로워도 괜찮아, 남편에게는 이것이 꼭 필요하니까……"라고 제 스스로를 위로하면서 혼자서 어떻게 주말을 보낼 지 계획을 세웠죠.

남편 친구들은 가끔 자기 아내를 데리고 낚시하러 가기도 한다고 들었는데 남편은 한 번도 저를 데리고 가지 않았어요. 저는 남편이 저를 데리고 가지 않는 이유가 있을 것이라고 생각했어요. 그런데 한 번은 도저히 참을 수가 없더라고요. 늘 하는 집안일이 귀찮아졌기 때문인지, 남편 친구들이 자기 아내를 데리고 간 것을 질투했기 때문인지, 아니면 저를 대하는 남편의 태도가 너무 무심해서였는지 정확하게는 잘 모르겠어요. 아마 모든 것이 쌓여서 그렇게 된 것 같아요.

어느 일요일 아침이었어요. 남편은 평소처럼 낚시를 가기 위해 가방을 매고 문 앞에 서 있었어요. 저는 눈물을 흘리면서 마음에 쌓인 것을 다 말했어

요. 무슨 말을 했는지 다 기억할 수는 없지만 분명한 것은 '내가 많이 속상하다는 것' 이었어요. 남편은 잠시 서 있다가 아무 말도 없이 나가버렸어요. 남편의 무심한 태도는 슬펐지만 마음은 후련했어요. 아마 하고 싶은 말을 다했기 때문이었겠죠.

그렇게 한 시간이 지났어요. 남편이 불쑥 집으로 들어왔어요. 남편은 슬퍼하는 나를 두고 혼자서 낚시를 갈 수 없었다고 했어요. 그리고 그동안 미안했다고 말했어요. 남편의 배려가 나를 따뜻하게 만들었어요. 나중에 안 사실이지만 남편은 그 한 시간 동안 친구들이 낚시터에서 춥게 지내지 않도록 도끼를 전해주고 온 것이었어요.

'나-메시지' 에 대해 알았을 때 저는 그 순간에 제가 이와 비슷한 행동을 했던 것임을 깨달았어요. 저는 남편의 잘못이라고 하지 않고 그냥 제가 슬프다고 말했던 것이죠. 그 후론 남편이 저를 더 많이 아껴주는 느낌이 들었어요. 그래서 불평이나 불만이 생기면 바로바로 말하려고 애쓰죠.

우리가 다른 사람들과 조화로운 관계를 맺고 싶다면 상대방에 대한 관심뿐만 아니라 자신에 대해서도 관심을 가져야 한다. 이런 경우 '나-메시지' 기술은 크게 도움이 된다. '나-메시지' 기술의 특징은 자기 내면의 진실한 감정을 밖으로 표출시켜 준다는 것이다.

이 Chapter의 결론을 겸해서 '나-메시지'가 어떤 효과가 있는지를 다시 한 번 정리해 보자.

'나-메시지'는

- 상대방에게 자신의 감정을 전달해준다.
- 자신의 감정을 순화해서 보다 차분하게 만들어준다.
- 믿음을 줄 수 있는 방법으로 이야기를 하도록 한다.
- 자신이 느끼고 있는 좋은 감정을 보다 자주 이야기하게 한다.
- 억압과 속임수에 대해 거절을 할 수 있게 해준다.
- 자신에 대해서 관심을 갖게 만든다.

두 가지의 어려움

앞에서 우리는 서로의 흥미나 관심거리를 이해해주면 대화가 잘 통할 수 있다고 했다. 이런 식의 대화는 어른과 어른은 물론이고 어른과 아이 사이에서도 잘 통할 수 있다. 하지만 부모가 아이들과 잘 통하려고 하면 두 가지의 어려움을 이겨내야 한다. 첫째는 아이의 이기적인 행동이고, 둘째는 어른의 원초적인 권력 의식이다.

사실 어리고 약한 아이는 이기적일 수밖에 없으며 자기가 하고 싶으면 무엇이든 할 수 있고 원하면 무엇이든 가질 수 있다고 생각한다. 부모의 헌신적인 배려와 무조건적 사랑 속에서 성장하기 때문이다. 이런 부모와의 관계 속에서 아이는 자기가 '세상의 중심' 이라는 생각을 갖게 된다. 이것은 어찌 보면 당연한 일이다.

하지만 아이가 언제까지 이런 생각만 가져서는 안 되며 그렇게 살 수도 없다. '모든 것이 내 것이다' 라는 생각에서 벗어나 '이 세상에는 나 말고 다른 사람도 있다' 라는 관점의 변화가 필요하다^{박스4번을 보라}.

아이가 태어난 그 순간부터 부모는 아이에게 세상의 규칙, 표준, 질서에 적응할 수 있도록 가르칠 의무가 있다. 또한 여러 가지 제한과 금지에 대해서도 가르쳐야 한다. 부모는 아이를 관리하고, 또 이끌어주어야 한다. 왜냐하면 부모는 아이들에 비해서 크고 강하며 경험이 많기 때문이다. 이처럼 '상대적으로' 강한 부모가 아이의 어려움이 무엇인지 알고 아이와 자신과의 관계에서 문제를 해결해야 하는 주체가 되어야 한다.

자기중심적인 생각 역시 아이가 혼자서 극복하기에는 매우 어려운 일이다. 주변에는 자기뿐만 아니라 다른 사람도 있으며 그 사람들 역시 자신이 누리는 모든 것을 누릴 자격이 있다는 것을 아이가 깨닫기 위해서는 부모의 노력이 필수적이다. 이 경우 부모는 '다른 사람' 이 되어서 아이의 이야기를 들어줘야 한다. 주의할 것은 부모가 아이의 요구에 끌려가서는 안 된다는 것이다. 만약 부모가 아이를 올바르게 교육하고 싶다면 아이의 요구에 관심을 두지 말아야 한다. 즉, 어떤 경우라도 아이의 요구를 들어주어서는 안 된다.

부모보다 영리한 아이들

'이기적인 열망에 이끌린 행동을 제한 시킴' 으로써 아이에 대한 올바른 교육이 시작된다. 바로 이러한 기반 하에서 '하고 싶어' 와 '해야만 해' 사이의 갈등으로부터 많은 문제들이 생기게 된다.

아이는 원하는 것을 얻기 위해 울고불고 난리를 피운다. 아이가 아파하고 우는 것을 참지 못하는 부모들이 있다. 배려 깊은 부모나 동정심이

레프 톨스토이의 '관점의 변화'

갑자기 사물을 보는 당신의 시각이 돌변해서 이제껏 알고 있던 모든 것들이 완전히 뒤바뀌고, 지금까지는 전혀 상상조차 하지 못했던 새로운 모습을 본적이 있는가? 사춘기가 막 시작될 즈음의 첫 여행에서 나는 이런 종류의 '관점의 변화'를 경험했다.

그 여행에서 나는 우리가 혼자가 아니라는 것, 즉 우리 가족만이 이 세상에 사는 것이 아니며 모든 관심이 우리 가족 주변을 맴도는 것이 아니라는 것과 우리의 삶과는 아무런 관계를 맺지 않고 전혀 다른 삶을 살고 있는 사람들이 있다는 것, 그리고 이 사람들은 우리에 대해서 걱정하지 않으며 심지어 우리의 존재조차도 모른다는 것을 처음으로 알게 되었다.

'생각'이라는 것은 다른 사람들이 확신을 주기 위해서 사용하는 방법과는 달리 전혀 예상치 못한 특별한 방법으로 당신의 머릿속에 확신을 심어준다. 나는 마을과 도시를 지나치며 그곳에도 우리처럼 가족이 함께 모여서 살고 있는 것을 보았다. 여자들과 아이들이 호기심 어린 눈으로 우리를 잠시 보다가 사라졌다. 좌판을 벌여놓은 남자들은 내가 사는 페트로파블로브스크 시에서와 같이 나에게 고개를 숙여서 인사하기는커녕 나한테 관심의 눈길조차 주지 않았다. 그러한 그들을 보면서 내 머릿속에는 질문이 떠올랐다 '우리에게 아무런 관심이 없으면 도대체 이들은 무엇에 관심을 가지고 있을까?' 그러자 다른 질문들도 떠올랐다. '이 사람들은 무엇을 먹고, 어떻게 살까?' '아이들 교육은 어떻게 시킬까?' '아이들을 가르치기나 하는 걸까?' '아이들에게 놀 시간이나 있을까?' '아이들은 어떻게 벌을 받을까?'

많은 부모가 대부분 그렇다. 하지만 모든 것을 아이가 원하는 대로 해주는 것은 대단히 위험하다. 부모의 '깊은 배려'나 동정심이 오히려 아이의 변덕스러움을 부추기는 결과로 작용하기 때문이다.

부모가 안 된다고 하는데도 '아니, 할래!' '하고 싶어!' '그래도 할 테야!' 라며 떼쓰는 아이를 보는 경우가 종종 있다. 이런 경우는 '변덕스러움을 부추길' 위험에서 벗어나지 못했기 때문이다. 이때 부모는 잠시 행동을 멈추고 아이가 어떻게 잘못된 행동을 하는가 살펴보아야 한다. 뿐만 아니라 자신이 잘못한 행동은 없는지도 돌아보아야 한다.

한 엄마가 네 살짜리 딸, 여섯 살짜리 아들과 함께 집 근처에서 산책을 하고 있었다. 산책을 시작했을 때부터 아들은 무슨 이유 때문인지 딸을 놀리고 윽박지르며 괴롭혔다. 딸이 큰 소리로 울기 시작했다. 엄마는 아들을 딸에게

서 떼어내다가 밀쳐서 넘어뜨리고 말았다. 바닥에 넘어진 아들은 팔 다리를 마구 저으며 큰소리로 울었다. 당황한 엄마는 어떻게 해야 할지 몰라서 같이 나온 친구의 얼굴을 쳐다보며 물었다.

"어떻게 해야 되지?"

"그냥 두고 가."

친구가 제안했다. 엄마는 잠시 망설였지만 친구의 말을 따라보기로 했다. 마침 날도 저물어가고 해서 모두 집으로 돌아가려고 하던 참이었다. 엄마는 딸의 손을 잡고 집을 향해 걸음을 옮겼다. 하지만 울고 있는 아들이 불쌍하다는 생각에 뒤를 돌아보았다. 아들은 엄마가 돌아보자 그 자리에 그대로 누워서 더욱 크게 소리 내어 울었다. 친구가 손을 꽉 잡으며 아이의 행동에 관심을 두지 말고 그냥 걸으라고 했다. 하지만 엄마는 아들의 울음소리에 몇 번이나 가던 걸음을 멈추었다. '아이를 저기에 그냥 놔둬도 괜찮을까?' 엄마는 마음이 놓이지 않았다. 하지만 그때마다 친구는 우리가 집에 가면 결국 아들도 따라 올 테니 걱정 하지 말라고 엄마를 안심시켰다. 마침내 아파트 입구에 다다랐을 때 뒤에서 아들의 화난 목소리가 들려왔다. 아들은 엄마에게 달려오더니 손찌검을 하기 시작했다. 엄마는 당황했다. 하지만 곧 아들을 타이르기 시작했다. 다행히 아파트에서 나오던 친척 어른이 이 모습을 보고는 아이를 뒤에서 꼭 끌어안아 진정시켰다. 그리고 말을 들을 준비가 되어 있다는 표시로 손을 잡으면 풀어주겠다고 했다.

나중에 엄마의 이야기를 들어보니 아들은 엄마가 '안 된다' 고 하는 말을 좀처럼 인정하지 않고 엄마에게 대들며 자주 손찌검한다는 것을 알게 되었다. 동생인 딸도 아들의 행동을 보고 똑같이 행동하기 시작했다. 엄마는 아이들과 갈등이 생기면 항상 아이들을 이해하고 배려하며 신중하게 대해주려고 노력한다고 했다. 엄마는 아이들의 이야기를 적극적으로 들으려고 하고 자기 감정을 '나-메시지'를 사용하여 이야기해 주는데^책 _{을 읽고 그대로 따랐다고 했다.} 이 모든 것이 무언가 부족했다. 아이들은 '엄마의 머리' 위에 앉아 있었다.

왜 아이들이 그렇게 행동하는 것일까? 우리는 위의 장면을 보고 추측해 보자.

먼저 아들은 울면서도 엄마의 반응을 세심하게 보고 있었다. 그래서 자기가 울고 있으면 엄마가 반드시 돌아온다는 것을 알았다. 사실 엄마는 아들을 혼자 두고 가는 게 걱정되었지만 친구의 조언 때문에 아이를 두고 갔다. 결과적으로 아이에게 무관심한 척 할 수 있었던 것이다.

'배려 깊은' 부모들의 잘못에 대해 잘 말해주는 장면이다. 이와 같은 일은 모든 시대, 모든 사람에게 있어 왔고, 또 앞으로도 일어날 일이다. 아나톨리 마리엔고프의 회고록에 나와 있는 아이의 변덕스러움에 대한 이야기 하나를 더 보자. 이 일은 지금으로부터 약 100년 전인 1917년의 러시아 혁명이 일어나기 직전의 일이다.

유모는 넓은 터키식 소파 위에 앉아서 입으로 무어라고 중얼거리면서 뭔가를 열심히 뜨고 있다. 아마 뜨개의 올을 계산하고 있었을 것이다. 나는 유모 옆에서 공을 가지고 놀았다. 표면에는 가늘게 노란 선이 그어져 있었고 절반은 빨간 색, 나머지 절반은 파란 색이 칠해져 있는 예쁜 공이었다. 공은 벽에 부딪혀서 옆으로 튀어나오더니 굴러서 소파 밑으로 들어가 버렸다.

"공이 소파 밑에 있어…… 꺼내 줘!"

나는 유모의 치마를 잡아당기면서 말했다.

"네가 직접 해 봐. 너는 나보다 작고 몸도 유연해서 쉽게 소파 밑으로 들어갈 수 있을 거야."

유모가 내 머리를 부드럽게 어루만져주면서 말했다.

"아니 유모가 꺼내 줘!"

유모는 계속해서 나의 머리를 쓰다듬으며 나를 타일렀다. 유연하고 작은 몸에 대해 말하는 것도 빠뜨리지 않았다. 하지만 나는 고집을 부리며 "아니, 유모가 꺼내 줘. 빨리! 빨리!"라는 말만 반복했다. 유모는 나를 다시 가르쳐야 한다고 생각했는지 계속해서 같은 말을 반복했다. 하지만 이미 유모의 말이 내 귀에 들어오지 않았다. 유모의 손에서 반짝거리는 뜨개바늘에 시선을 고정시킨 채 "공 줘! 고~옹. 공 달란 말이야!"라고 소리쳤다. 하지만 유모는 공을 주워주지 않았다. 나는 소리 내어 울기 시작했다. 얼굴이 마치 불에 대인

것처럼 빨개졌다. 화를 삭이지 못하고 카펫 위에 쓰러져 손과 발을 버둥대며 울어댔다. 놀란 엄마가 옆방에서 달려 나왔다.

"톨리, 톨리, 무슨 일이냐? 귀여운 아들아 무슨 일이야?"

"가라고 해! 이 늙은 할머니를 가라고 해!"

"괜찮아, 진정해."

울며 숨이 막힐 듯이 소리 지르고 있는 나를 엄마는 품에 꼭 안아주었다.

"쫓아내! 쫓아내란 말이야!"

"톨리야, 너 그렇게 나쁜 아이였어?"

"됐어. 엄마는 나보다 이 늙은 유모를 더 좋아하지?" 평범한 사람들은 네 살 된 아이들을 천사로 여긴다.

"톨리, 내 아들⋯⋯."

엄마는 나를 설득하기 시작했다. 초콜릿과 사탕, 달콤한 과자 등 이 세상에서 내가 가장 좋아하는 것들을 주며 나를 진정시키려고 했다. 하지만 나는 이 모든 것이 싫다며 거부했다. 그리고 유모를 쫓아내라고 하면서 소리 내어 울기만 했다. 마치 뚜껑을 안 닫은 주전자에서 물이 끓어 넘치는 것처럼 눈물이 흘렀다.

눈물! 이것은 진짜 무기이다. 아이들과 여자들이 가진 무기인 것이다. 시대를 거치면서 다양한 종류의 사람들과 수많은 사건, 그리고 갈등 속에서 검증된 가장 강력한 무기이다.

결국 나는 이 쾌적하고 평온한 집에서 늙은 유모를 내쫓았다. 단지 응석받

이 아이의 공을 줍기 위해 소파 밑으로 들어가지 않았다는 이유로 일을 그만
두게 한 것이다. 많은 사람들이 '양심의 가책'이라는 것은 문학 작품 속의 표
현일 뿐이고 요즘에는 그런 시대에 뒤떨어진 표현을 하지 않는다고 하지만
나는 동의하지 않는다. 벌써 반세기 전에 일어났던 소파 밑에 공이 굴러 들어
간 그 바보 같은 일 때문에 양심이라는 것이 아직도 나를 괴롭히고 있다.

이 이야기의 마지막 문장은 기억 속에 오래도록 남아 있었다. 이것은
부모에게 요구만 하는 이기적인 아이가 경험하는 '양면성'에 대해서 솔
직하게 이야기한 것이다. 그렇다면 아이는 자기가 심하게 울면서 자기감
정을 표현하면 원하는 것을 얻어낼 수 있다는 걸 알았을까? 물론 알았다!
동시에 의식적으로 아니면 잠재의식에서든지 아이는 '자기가 싫어하는 응석받이
아이처럼 행동하는 것'을 알았다. 더불어 그것은 부끄러운 일이고 양심
의 가책이 된다는 것도 알고 있었다 박스 5를 보라.

이 일은 그의 양심을 반세기나 괴롭혔다. 이 양심은 이미 엄마한테서
자기의 변덕스러움에 대한 만족을 얻으려고 했을 때부터 자리 잡고 있었
던 것이다. 아이들의 변덕스러움은 '뜨거운 감자'인 동시에 부모가 참고
경험해야 하는 일이다. 부모의 사랑하는 마음과 아이를 배려해주고 싶은
마음, 그리고 가르쳐야 하는 어른의 입장이 서로 충돌하게 되는 지점이
기 때문이다. 만약 양보한다면 부모들은 이 싸움에서 지게 되는 것이다.
부모들이 자신의 능력, 즉 '나-메시지'가 주는 긍정적인 힘을 잊어 버리
고 자신의 입장을 양보한다면 결코 좋은 결과를 기대할 수 없을 것이다.
하지만 이것보다 더 나쁜 경우가 있다.

첫 번째 인격의 형성

러시아의 심리학자 A. 레온티예프는 학교 교육을 받기 전에 이미 '아이의 첫 번째 인격'이 형성된다고 했다. 다음에 나오는 특별한 실험을 통해 '아이의 첫 번째 인격'이 어떻게 나타나는지 한번 살펴보자.

아직 학교에 입학하지 않은 어린 아이에게 간단한 문제를 주었다. 그것은 탁자 위에 있는 장난감을 갖는 것이었다. 거기에는 반드시 지켜야 될 한 가지 조건이 붙어 있었는데 지금 앉아 있는 자리에서 일어나지 않고 장난감을 가져야 된다는 것이었다. 하지만 문제는 아이가 일어나지 않으면 탁자 위에 있는 장난감을 도저히 손으로 집을 수 없는 거리라는 것이다. 이 조건에서 아이는 어떻게 행동할까?

실험자는 방에서 나갔다. 그리고 멀리서 아이를 지켜봤다. 아이는 한참 동안 앉아 있었다. 아이는 장난감도 갖고 싶어 했고 주어진 조건도 지키고 싶은 마음이 있는 것 같았다. 하지만 아무런 해결책도 찾을 수 없었다. 결국 아이는 일어나서 장난감을 집어서 다시 자리로 돌아와 앉았다. 그 때 실험자가 들어와서 아이를 칭찬하며 아이에게 사탕을 주었다. 아이는 사탕을 받지 않았다. 실험자가 사탕을 받으라고 여러 번 권했을 때 아이는 울고 말았다.

이 실험은 '슬픈 사탕'이라고 부르는 유명한 실험이다.(이 실험은 심리학부 학생이라면 누구나 알고 있다. 모스크바 국립대학교의 심리학부에 들어오고자 하는 사람은 입학시험을 칠 때 이것을 설명할 수 있어야 한다.) 아이는 실험 중에 두 가지 일을 하고 싶어 했다. 첫째, 장난감을 갖고 싶어 했으며 둘째, 주어진 조건을 지키고 싶어 했다. 일어나서 장난감을 가진 아이는 첫 번째를 선택했다. 실험자가 와서 칭찬을 해 주

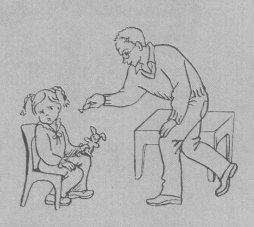

고 사탕을 주었을 때 아이는 자신이 약속을 지키지 못했기 때문에 사탕을 받을 수 없다는 것을 분명히 알고 있었다. 이제 사탕은 아이에게 달콤함을 전해주는 대상이 아니었다. 그 순간에 사탕은 아이에게 기쁨을 주는 대상에서 부끄러움과 슬픔을 주는 대상이 되었다.

이 간단한 실험은 비록 굉장히 초보적인 수준이지만 아직 학교에 다니지 않는 아이에게도 걱정과 근심, 양심과 인격이 있다는 것을 보여준다. 인간의 상호 관계 혹은 도덕적인 표준과 관계가 있는 이런 것들은 인격의 탄생을 의미한다.

아이와 싸우는 부모들

어떤 부모들은 아이가 뭘 원하는지 아이가 무엇을 해야 되는지 잘 안다고 생각한다. 그래서 아이의 의견과 요구를 무시한다. 일반적으로 이렇게 행동을 하는 부모는 '책임감을 많이 느끼는 부모' 또는 '항상 불안해하는 부모' 그리고 '권위주의적인 부모'이다. 이때 아이들은 다양한 방식으로 거부를 표시하게 된다.

아이들이 거부를 표현하는 방식 중 하나가 공개적인 반항이다. 계속되는 억압을 벗어나기 위해 아이들은 부모들과 '충돌'한다. 아이의 나이, 경험, 성격 등에 따라서 그 모습도 다양하다. 가장 흔히 볼 수 있는 방법이 부모의 말을 듣지 않고 고집을 부리는 것이며 드물게는 '나쁜 행동'을 하며 대놓고 적대감을 드러내기도 한다. 가장 놀라운 것은 이런 행동이 아주 어린 나이에도 시작될 수 있다는 것이다. 이제 두 살이 된 딸을 두고 한 엄마가 불평을 늘어놓고 있다.

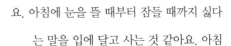

우리 딸은 두 살인데 고집이 아주 세요. 무슨 일이든 '싫어'라고 말을 해요. 아침에 눈을 뜰 때부터 잠들 때까지 싫다는 말을 입에 달고 사는 것 같아요. 아침에 딸의 침대로 제가 다가가면 딸은 눈도 뜨지 않은 상태에서 '싫어!' 하고 소리를 쳐요. 때로는 참을 수 없어서 혼을 내면 딸은 저 대신 고양이에게 분풀이를 하는 거예요. 뭐가 문제일까요?

세 살 된 딸을 가진 엄마도 똑같
은 불평을 했다.

전 도무지 어떻게 해야 할지를 모르
겠어요. 마샤는 옷 입을 때, 밥 먹을 때, 목욕할 때, 심지어는 잠자리에 들어서
도 '싫어' 라고 말해요. 저는 하루 종일 마샤가 '싫어' 라고 말하는 것을 들으
며 지내죠.

이런 문제들은 무엇 때문에 생기게 된 것일까? 이런 '반항벽' 이 어디
에서 생긴 것일까? 이것은 아이와 부모와의 관계에서 부모가 실수를 했
기 때문이다. 여기서 이야기하는 실수는 다양하지만 그것들은 이미 우리
가 어느 정도 잘 알고 있는 것이다. 부모의 지나친 간섭, 강압적인 명령,
아이가 처한 상황에 대한 고려를 하지 않거나 때로는 아이에게 심한 부
담이 되는 요구 등이 그것이다.

아이가 성장함에 따라 이런 상황은 훨씬 더 복잡해진다. 청소년기의
아이를 가지고 있는 엄마의 불평을 들어보자.

아들은 열세 살이에요. 아들은 똑똑하고 수학에 재능이 있어서 과학영재
들이 다니는 중학교에 다녀요. 아시겠지만 이런 학교는 경쟁이 치열하고, 또
자신이 가지고 있는 재능을 발전시키기 위해 남들보다 더 많은 노력을 해야

되죠.

저는 아들을 뒷바라지하기 위해서 직장도 그만뒀어요. 항상 제 시간에 먹을 것을 챙겨주고, 아들에게는 공부 이외에는 아무 일도 시키지 않았어요. 그리고 늘 다른 것에 신경 쓰지 말고 '너는 열심히 공부만 하면 된다' 라고 이야기해줬죠.

하지만 아들은 제가 뭐라고 하든지 제 말에는 전혀 신경을 쓰지 않고 자기가 하고 싶은 것만 열심히 하는 거예요. 우리는 그 때문에 계속 부딪혀 왔는데 얼마 전부터는 문제가 아주 심각해졌어요. 아들은 이제 제가 말을 건네는 것을 싫어하고 아예 말 자체를 들으려고 하지를 않는 거예요. 제가 뭐라고 말을 하면 불만이 가득한 눈으로 저를 바라보기만 해요. 솔직히 어떻게 해야 할지를 모르겠어요. 아들의 인생이 걸려 있는 문제인데 저는 이 문제를 해결할 아무런 능력이 없는 것 같아서 슬프기까지 해요.

이렇게 부모가 능력이 없다고 느끼는 것은 아주 긍정적인 신호이다. 이 신호는 바로 스스로의 행동에 실수가 있었다는 것을 인정하는 것이며 자신의 잘못을 지적했을 때 순순히 시인하게 만들기 때문이다. 대개의 경우 아이들은 부모가 자신의 의견과 요구를 무시할 때 싫다고 말하거나 바로 행동으로 보여주는 것이 아니라 마음으로부터 사보타주를 하게 된다. 10살 된 아이와 엄마의 대화가 생각난다.

남자 아이는 발그레한 볼을 가졌고 건강하고 귀
여웠다. 게다가 똑똑하고 착하기까지 했다. 겉으로
는 아무런 문제가 없는 아이처럼 보였다. 그런데 학
교 수업이나 음악 공부에 대해 이야기를 하려고 하
면 눈이 쳐지며 무관심한 태도를 보였다. 선생님은 아
이가 아주 재능이 많다고 했다. 하지만 엄마가 공부를 하라고 말 하거나 피아
노에 대해서 이야기 하면 아이는 자기가 아주 게으르고 머리가 나빠서 그런
것들을 잘하기 힘들다고 했다. 사실 엄마도 아이와 같은 생각이었기 때문에
걱정이 되었다.

하루는 엄마가 "너는 무엇을 가장 좋아하니?"라고 물었다. 아이는 "고양
이와 노는 것."이라고 대답했다. 게다가 고양이와는 하루 종일 놀 수도 있다
고 자랑스러워했다. 이렇게 말할 때 아이의 눈은 반짝거리고 얼굴은 즐거움

이 가득했다. 물어본 김에 '바보 같은' 질문을 해 보았다. "너 고양이와 놀 때도 그렇게 움직이기 싫으니?" 대답은 "물론, 아니에요!"였다.

아이와 대화를 하는 동안 엄마는 아이에게 늘 자신이 원하는 대로 행동하기를 강요했다는 사실을 알게 되었다. 한편 아이 역시 전에는 엄마와 이야기하는 것이 즐겁고 행복했다고 말했다. 자질구레한 많은 것들에 대해 관심을 가져주고 가끔씩은 놀면서 휴식을 취했던 그때가 너무 즐거웠다고 솔직히 말해주었다.

엄마는 자신을 돌아볼 수 있었다. 엄마는 지금 자기가 원하는 대로 아들이 행동하기를 강요하고 있다는 것을 인정했다. 과거에 비해 지금은 가족에 대한 책임감, 그 중에서도 특히 아이의 교육문제에 너무 집착한 나머지 엄해지고 강제적으로 시키는 일도 많아졌으며 기계적으로 단조롭게 살고 있다는 것을 깨달았기 때문이다. 이 대화를 통해 엄마는 다음과 같은 결론을 내렸다.

나는 이 '책임감'이라는 괴물을 내 어깨는 물론이고 아들의 어깨 위에도 얹어 놓고 내가 살아가는 방식인 '책임감 있지만 기계적인 삶'을 아들에게 강요했다. 이런 식의 삶이 내 마음에 들지 않았지만 어쩔 수 없다고 생각하며 내 아이가 가지고 있는 '살아 숨 쉬는 에너지'의 소리를 들으려고 하지 않았다. 이것이 나의 실수였다.

이제까지 우리는 온순한 아이들이 부모들의 강요나 무리한 요구로 인해 마음의 문을 닫거나 모든 것에 흥미를 잃고 잠을 더 많이 자는 방식으로 게으름을 표출하거나 무엇이든 싫다고 하며 불평만 하는 아이로 전락하고 만다는 것을 알게 되었다. 아이들이 겉으로 보기에는 부모의 말을 잘 듣고 공부를 잘 하는 것처럼 보이지만 실제 내면적인 세계까지 그런 것은 아니라는 말이다. 아이들의 이런 일련의 행동, 즉 주체성이 없으며 매사에 무기력한 모습, 혹은 아무것에도 관심을 가지지 않는 모습은 부모에게 보내는 경고의 메시지라는 사실을 기억해야 한다.

이해와 유연성

그렇다면 양 극단을 아우르는 '중용'의 방법이 없는 것일까? 아이를 이해하고 가르치는 부모의 입장을 정확하게 고수하는 동시에 아이의 '살아 숨 쉬는 에너지'를 보존해주는, 즉 필요와 느낌을 동시에 만족시키는 올바른 교육을 가능하게 하는 방법은 무엇일까?

이 물음에 대한 해답을 찾기 전에 먼저 제3장을 시작할 때 살펴보았던 '효과적인 대화의 기술'을 한 번 더 살펴보도록 하자. '효과적인 대화의 기술'을 숙지하고 있다면 이제는 유연하게 여러 가지 형태로 조합을 해서 사용할 수 있어야 한다. 지금 이야기하는 것은 어떠한 구체적인 표현을 이야기하는 것이 아니다. 여기에서 말하는 '효과적인 대화의 기술'은 당신이 아이의 이야기를 들을 수 있는 능력이 있다는 것을 보여주는 대화, 즉 솔직하게 자기 자신에 대해서 이야기를 하면서 희망적이고 부드러운 톤을 보존하는 기술을 말한다. 이 모든 것이 어떤 방법으로 악화된 갈등을 해결할 수 있는지를 살펴보자. 첫 번째 예는 다섯 살 된 아들을 두고 있는 엄마의 이야기이다.

저는 배도 고프고 피곤한 상태에서 집으로 돌아왔어요.

"엄마 왜 이렇게 늦게 왔어! 빨리 가서 놀자!"

집으로 들어서자마자 아들이 뛰어오면서 말했어요.

"기다려. 먼저 밥을 먹고 놀자."

"안 돼, 엄마, 지금 놀자"

"너 엄마랑 많이 놀고 싶어?"

"응, 엄마 빨리 가서 놀자."

"네가 놀고 싶은 만큼 엄마는 피곤하고 배고파서 뭔가를 먹고 싶어."

"그래도 엄마……."

"넌 많이 놀고 싶고 엄마는 배가 많이 고파. 그럼 우리 어떻게 하면 될까?"

아들은 잠시 생각한 후에 이렇게 말했어요.

"그럼 내가 엄마랑 같이 밥 먹고 난 뒤에 엄마가 나랑 같이 놀면 되지."

엄마는 아이의 요구를 알고 모두가 만족할 수 있는 방향으로 대화를 이끌었다. 아이는 엄마가 뭔가를 먹고 싶어 한다는 것을 이해했다. 그리고 엄마와의 대화를 통해 아이는 엄마가 지금 무엇인가를 원하고 있으며, 엄마도 자신이 원하는 것을 할 수 있는 권리가 있다는 중요한 교훈을 얻게 되었다. 이와 같이 엄마는 아이와 대화를 계속함으로써 아이에게 '이기적인 고집'이 이긴다는 위험스러운 생각에서 벗어날 수 있도록 도와주었다.

우리는 이 대화에서 엄마가 어떤 대화의 기술을 사용했는지 알아야 한다. 엄마는 짧은 대화 중에서도 '나-메시지'를 몇 번이나 사용했으며 '이야기 적극 들어주기'를 했다. 이런 대화의 기술이 아이에게 엄마가 자기 말을 귀담아 듣는다는 사실을 알려주었다. 아이가 엄마의 이야기를 들을 수 있게 만든 것도 바로 이것이다.

엄마의 질문은 '우리 어떻게 하면 될까?' 였는데 이것은 갈등을 해결하는 상황에서 아주 중요한 표현이다. 이 훌륭한 질문 하나가 아이에게 자기와 엄마, 둘 다를 만족시킬 수 있는 제안을 가능하게 했다.

앞에서 우리는 원하든 원치 않든 아이들은 어른들의 행동을 따라하면서 그대로 습득하게 된다고 여러 번 이야기했다. 부모가 갈등을 해결하는 대화의 기술을 익힌다면 그러한 기술은 부모들 자신들 뿐만이 아니라 가족생활의 화목한 분위기를 만들기 위해서 꼭 필요한 기술이다. 왜냐하면 어른들 사이의 갈등, 대표적으로 부부간의 갈등도 아이들과의 갈등보다 많으면 많았지 결코 적지 않기 때문이다. 어른들 사이의 갈등을 해결하는 문제는 아이가 아직 태어나기 전이나 아이가 태어나서 함께 살고 있을 때나 중요하게 생각해야 하는 것은 이런 이유 때문이다.

사실 부부 관계는 중요하고 어려운 테마이다. 이 테마는 이 책의 범위에서 벗어나는 것이므로 여기서는 한 가지 간단한 예만 살펴보도록 하자. 이것은 한 젊은 부부의 대화기록이다. 여기서 이야기를 하는 여자는 어떤 순간에 문득 자신이 효과적인 대화의 기술을 사용하고 있다는 것을 깨닫게 되었다.

저는 두 달 전에 담배를 끊었어요. 그런데 남편은 여전히 예전처럼 담배를 많이 피우고 있었어요. 저는 남편이 방에서 담배를 피우는 게 싫어서 어떻게 하면 담배를 피우지 않도록 설득할 수 있을지 오랫동안 고민했어요. 먼저, 아

주 고전적인 방법을 써 봤어요. 남편이 담배를 피우지 못하게 화를 내면서 담배는 건강에 해롭다고 말하는 것이었죠. 큰 소리를 내기도 했지만 이 방법은 별로 효과가 없었어요. 제 스스로도 이 방법이 마음에 들지 않았어요. 남편이 담배를 피울 때마다 항상 같은 말을 반복하는 창의성 없는 문제해결 방식을 계속할 수는 없었거든요.

그래서 여러 가지 다른 방법들을 시도했죠. 그때마다 남편은 웃으며 "당신이 뭘 말하려는지 알아."라고 이야기했어요. 하지만 변함없이 소파에 앉아서 담배를 계속 피웠어요. 저는 절망스러워하며 혼잣말을 했어요.

"난 우리 둘을 다 만족시키는 방법을 찾을 수가 없어. 당신이 담배를 방에서 피우지 않도록 여러 방법을 사용하면서도 난 당신이 '내 집에서 원하는 걸할 수 없구나…….' 라는 생각이 들지 않도록 배려를 했어. 나도 당신이 하고싶은 것은 다하게 해주고 싶어. 하지만 난 집안에서는 맑은 공기로 숨 쉬며 살고 싶단 말이야. 내가 담배를 끊은 것도 그 이유였어. 그렇다면 우리 둘이 좋은 방법을 찾아야 되는데…… 하지만 나 혼자서는 너무 어려워. 당신의 도움이 필요해. 당신은 어떻게 했으면 좋겠어?"

"그렇게 하자. 우리 함께 방법을 의논해 보자."

잠시 후 남편이 진지한 표정으로 말했어요. 그 말을 들은 순간 남편이 제 혼잣말을 들었다는 것을 알았죠.

결론적으로 우리는 한 가지를 약속함으로써 그 문제를 해결할 수 있었어요. 남편이 저녁 식사를 한 후에 한 번

만 소파에 앉아서 담배를 피우고 나머지는 다 나가서 피우겠다고 했거든요. 아주 쉽게 잘 해결된 것처럼 보이지만 실제로 저는 남편을 진심으로 대하기 위해서 마음속으로 많은 연습을 했어요. 결국 제가 한 말은 남편에게 진심으로 다가섰고 아주 큰 효과를 거두었죠. 제가 한 말은 어떤 '형식성'에서 벗어나 있었고 '너-메시지'를 피했어요. 그것만으로도 제가 가지고 있는 어려움을 솔직하게 표현할 수 있었어요.

우리는 아내가 남편의 마음을 움직인 진정한 이유가 무엇인지 한번 살펴볼 필요가 있다.

첫째, 우리는 아내의 말에서 몇 가지 '나-메시지'를 볼 수 있다.

- 나는 맑은 공기로 숨 쉬고 싶다.
- 그래서 나는 담배를 끊었다.
- 나는 이 문제를 해결하고 싶다.
- 난 혼자서 아무것도 할 수 없다.

둘째, '대화에 대한 대화', 즉 '나- 메시지의 목표'를 찾을 수 있다.

- 당신과 얘기하고 싶다.
- 오래 전부터 설명해주고 싶었다.

우선 이런 보조적인 표현들은 대화를 평온하게 할 수 있는 조건을 조성한다. 동시에 당신의 진실한 마음과 상대에 대한 믿음을 전달해준다.

셋째, 이 부분이 아주 중요한데 '긍정적인 나와 너 – 메시지'를 볼 수 있다는 것이다. '긍정적인 나와 너 – 메시지'는 쉽게 말해서 '당신 덕분에'라는 말이다. 이러한 말은 언제나 상대방이 듣고 싶어 하는 말이다.

- 당신이 하고 싶은 것을 막고 싶지 않다.
- 당신이 집에서 하고 싶은 것을 다 할 수 있었으면 좋겠다.
- 이것은 오직 당신의 도움이 있어야만 해결될 수 있다.

긍정적으로 이야기하기는 단순한 '기술'이 아니다. 이것은 당신의 대화 상대자에게 약간의 반대와 논쟁을 주더라도 긍정적인 생각을 가질 수 있도록 만들어준다. 당신이 호감을 가지고 친절하게 상대방을 대하고 있다고 생각을 하면 그 사람은 당신과 그 사람 앞의 당면 문제를 해결하는 데 더욱 적극적으로 바뀐다.

우리는 '해와 바람'이 싸우는 유명한 동화 속에서 친절한 힘이 승리했다는 것을 다시 한 번 기억할 필요가 있다.

해와 바람이 누가 먼저 나그네의 옷을 벗길 수 있을까 내기를 했다.

"물론 나지!" 바람이 말했다

그는 있는 힘을 모아서 강하게 바람을 일으켰다. 그러자 나그네는 벗겨지지 않도록 옷을 꼭 여몄다. 그러자 바람은 화를 내면서 더 강한 바람을 만들었다. 그러나 바람이 심하게 불면 불수록 나그네는 더 단단히 옷을 여며 벗겨지지 않게 했다.

"그럼 이제 내 차례다."

해가 구름 속에서 나와 따뜻하게 햇볕을 내리쬐었다. 그러자 나그네는 더워서 옷을 벗었다.

동의의 길

사람들은 '아이에게 양보를 해도 되는가?' 라는 질문을 자주 한다. 지금까지 말해왔던 것처럼 이 질문에 대한 대답은 한 가지가 아니다. 하지만 한 가지 분명한 것은 '항상 자신의 입장을 고수해야 한다' 는 엄격한 원칙의 적용은 바람직하지 않고 동시에 계속적인 양보 역시 해롭다는 것이다. 가장 적절한 대답은 아마도 '때로는 양보할 수도 있다' 일 것이다. 그리고 때로는 그렇게 해야만 할 때도 있다.

그런데 이 규칙을 따르기 위해서는 다양한 상황, 즉 아이의 상태와 아이의 요구나 걱정이 어디에 근거를 두고 있으며 어느 정도 강렬한가, 부모를 불편하고 힘들게 만드는 것은 무엇인가, 그리고 부모가 그것을 거절해야 하는 이유가 무엇인가 등을 잘 고려해야 한다.

다음의 예들을 통해 우리는 각각의 상황이 매우 독립적으로 존재한다는 것을 보게 될 것이다. 하지만 부모의 행동을 통해 우리가 아이를 이해하고, 유연성을 발휘하고 그리고 현명한 선택을 하는 능력이 있음을 보게 될 것이다.

다섯 살 된 아이의 엄마는 일주일에 여러 번씩 야간 대학의 수업을 받으러 다녀야만 했다. 딸은 엄마가 나갈 때마다 떼를 썼다. 그때마다 할머니가 매번 손녀의 관심을 다른 데로 돌렸고 엄마는 무사히 학교에 갈 수 있었다. 그런데 한 번은 엄마가 학교에 갈 준비를 하고 있는데 딸이 엄마의 손을 잡고 울면서 매달렸다. 아무리 달래도 소용이 없었다.

저는 아이도 불쌍하고, 수업도 받아야 했으므로 어떻게 해야 할지 몰랐어요. 이미 우리에게 익숙한 상황이다 그래서 저는 결정했어요. 단 하루지만 아이를 위해 학생이 아닌 엄마의 역할을 하기로 말이죠. 저는 속으로 말했어요. '그래, 한번은 양보를 하자. 아이도 많이 힘들어 하면서 매번 나를 학교에 갈 수 있게 했잖아. 오늘 하루만이라도 아이하고 놀아주자.'

아이는 울음을 그쳤고 저녁 내내 제 곁에서 떨어지지 않았어요. 그렇게 같이 놀다가 갑자기 아이가 말했어요. "엄마 오늘 수업 안 가도 돼? 엄마가 나쁜 점수를 받지 않아? 엄마, 나 더 이상 울지 않을 게. 엄마도 공부해야 되잖아."

저는 그날 수업에 안 가고 집에 남았던 걸 후회하지 않습니다.

위의 경우는 아이의 요구를 들어주어서 모든 문제가 깨끗하게 해결된 경우이다. 하지만 우리는 아이가 진심으로 무언가를 원하는데 상황이 허락하지 않아서 아이의 요구를 들어주지 못하는 경우도 많다. 그렇다면 이런 경우에는 어떻게 해야 할까?

가장 흔한 예로 아이는 엄마와 같이 있고 싶은데 엄마는 직장엘 다녀야 한다. 아이는 유치원에 다니는 게 싫어서 집에 혼자라도 있겠다고 애원한다. 하지만 아이와 집에 있어줄 사람이 아무도 없기 때문에 아이를 혼자 집에 두는 것은 불가능하다. 어떻게 해야 할까?

또 다른 경우로 아이는 엄마, 아빠와 함께 살고 싶어 한다. 그런데 부모는 이혼을 할 예정이다. 이 경우에는 어떻게 하면 될까?

이런 상황에서 문제를 해결하는 일은 간단하지 않다. 아이와 진심으로 대화하는 것 외에 다른 방법은 없다. 주의할 것은 진실한 대화를 나누고 싶다면 시간을 잘 선택해야 한다는 것이다아이가 우울해하거나 의기소침해 있을 때는 피하는 것이 좋다. 그리고 가능하면 부모가 아이의 이야기를 들을 수 있는 만큼 충분히 들어주어야 한다. 이때 부모가 아이를 설득하려고 들어서는 안 되며 아이가 충분히 말할 수 있는 분위기를 만들어 주어야 한다. 특히 아이의 마음속에 있는 아픔에 주의를 기울이고 이야기를 들어주는 것이 중요하다. 이렇게 해야 아이도 어른도 마음의 경계를 풀게 되기 때문이다. 마음의 경계를 해소한 후에는 부모가 자기 앞에 닥친 상황과 요구를 들어줄 수 없는 이유에 대해 설명해주면서 대화해야 한다. '우리 어떻게 할까? 라는 질문을 아이에게 던지고 그 문제를 함께 진지하게 생각하는 것은 마음의 경계를 허물고 진정한 대화를 나눈 다음의 일이다. 이 문제를 슬기롭게 극복한 한 가족의 이야기를 보자.

제 아들이 학교를 다니기 시작했어요. 처음에는 잘 다닐 수 있을까 걱정이 되더군요. 하지만 제 걱정과 달리 아이는 학교를 아주 마음에 들어 했어요. 얼마 지나지 않아 친구도 많이 사귀고 선생님도 너무 자상하시다고 자랑을 할 정도였거든요.

그런데 우리 가족이 갑자기 이사를 할 일이 생겼어요. 전학을 가야했죠. 하지만 아이는 전학을 가지 않겠다고 했어요. 우리 부부는 아이의 요구를 들어주기로 했어요. 문제는 학교까지는 한 시간 반이나 걸렸는데 저나 남편이 항상 데려다 주고 데리고 와야 한다는 것이었어요. 처음 2주 동안은 남편이 아이를 학교까지 데려다 주었어요. 하지만 우리는 곧 이런 식으로 계속하는

것이 불가능하다고 생각하게 되었죠. 아이도 너무 피곤해하고 남편도 회사에 제시간에 도착하기가 어려웠거든요.

우리 부부는 집 근처에 있는 학교 역시 좋다는 것을 이야기하고 싶었지만 아이는 그 학교에 대해 이야기하는 것을 너무나 싫어했어요. 우리는 아이가 지금 다니고 있는 학교에 대한 이야기를 하도록 했고 아이의 이야기를 적극적인 자세로 들어주었어요. 아이는 학교에서 수업이 어떻게 진행되고 있는지, 수업이 얼마나 재미있는지, 학교가 얼마나 아름다운지, 쉬는 시간에 어떻게 친구들과 같이 놀고 있는지에 대해 열심히 이야기했죠, 그리고 이 모든 것이 없다면 살아가는 재미가 없을 것 같다는 이야기까지도 들었어요.

아이의 이야기를 듣고 나니 저는 측은한 마음이 들었어요. 저는 전학을 가지 않고 그냥 학교에 다니겠다는 아이의 부탁을 들어주자고 남편에게 이야기했어요. 하지만 남편은 생각이 달랐어요. 아이가 없을 때 우리 부부는 그 문제로 가볍게 다투기까지 했어요. 물론 남편의 주장이 훨씬 합리적이었죠. 결국 저는 남편의 말을 따르기로 했어요.

다음날 남편은 아이에게 이제 더 이상 학교까지 태워다 줄 수 없다고 이야기 했어요. 그 말을 들은 아이가 그러면 자기는 학교에 가지 않고 집에 있겠다고 했어요. 남편은 그렇게 하라고 했고 저 역시 동의할 수밖에 없었어요. 그날부터 아이는 학교에 가지 않았어요. 저는 걱정이 되었지만 남편의 뜻에 따라 그냥 아이를 지켜보기만 했어요.

그런데 얼마 지나지 않아 아이가 집 근처에 있는 학교에 가보겠다고 했어요. 저는 반가운 마음에 아이를 데리고 학교로 갔죠. 다행히 선생님께서는 친절하게 아이를 맞아 주셨어요. 아이는 하루 동안 수업에도 참여했어요. 정말 다행이라는 생각이 들더라고요. 다음날 아이는 집 근처에 사는 같은 반 친구를 알게 되었고 그 친구를 집에 데리고 와서 같이 놀았어요. 저는 '이제 성벽이 무너졌다' 고 생각했어요.

지금 우리 아이는 그 전에 다녔던 학교에서처럼 충분히 만족하며 새 학교에서 공부하고 있어요.

이 이야기에서는 결과적으로 부모가 아이의 근심과 걱정을 이해했기 때문에 성공했다. 대화를 나눌 때 부모는 아이의 말을 적극적으로 들어주었고 또 아이의 의견을 인정해 주었다. 그들은 자신들이 가진 권위로 아이를 누르려고 하지 않고 아이에게 얼마 동안 학교에 가지 않고 집에 있을 수 있는 기회를 주었다. 이것은 부분적이지만 아이의 의견에 동의하고 아이의 선택을 인정한 것이다. 이 모든 것이 하나로 모이자 아이는 자신에게 주어진 상황과 부모의 입장을 받아들이게 되었다. 결국 이 가족은 부모와 아이 누구의 감정도 상하게 하지 않고 갈등을 극복했다.

chapter 04

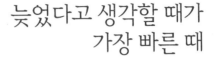

늦었다고 생각할 때가
가장 빠른 때

아이는 언제든지 변화 시킬 수 있다

우리는 이미 아이와 어떻게 대화를 해야 할 것인지에 대해 많은 이야기를 했다. 아마도 독자 여러분들 역시 대화를 통해 아이와 관계를 개선하는 새로운 방법들을 알게 되었을 것이다. 그러나 이 시점에서도 여전히 궁금한 문제가 있다. 그것은 "지금까지 아이의 교육에 제대로 신경을 쓰지 못한 상태이고 많은 실수와 잘못을 저질렀다고 하더라도 아이를 올바른 길로 이끌 수 있나요?"라는 것이다.

대답은 물론 '그렇다'이다. 언제 시작해도 늦지 않다. 아니 늦었다고 생각할 때가 가장 빠른 때이다. 이것에 대한 좋은 예들은 얼마든지 있다. 여기에서는 심리학자인 레프 비고트스키의 예를 살펴보겠다.

비고트스키는 뛰어난 심리학자로서 아이들의 심리를 꿰뚫어 보는 특별한 재능을 지니고 있었다. 비고트스키가 자기 아이들과 나눈 소중한 대화의 장면은 딸 기타 비고트스키의 회고록에 남아 있다. 우리는 순간 순간 번뜩이는 그의 재능을 발견할 수 있을 것이다.

우리 아버지 비고트스키는 나와 아샤, 이렇게 두 명의 딸을 두었다. 아버지와 어머니가 맞벌이를 했기 때문에 유모가 우리를 맡아서 키웠다. 동생 아샤에 대한 유모의 사랑은 특별했다 물론 아샤는 아주 사랑스럽고 귀여운 아이였다. 아샤는 성격이 변덕스러운 응석받이였지만 유모는 아샤의 변덕을 다 받아주었다.

한 번은 아샤가 산책하다가 집에 들어가기 싫다고 떼를 쓰면서 울었다. 이

장면을 아버지가 우연히 보게 되었다. 그날 아버지는 아무 말도 하지 않았다. 하지만 다음날 아샤가 똑같은 행동을 반복했을 때 아버지는 유모에게 나를 데리고 먼저 집으로 들어가라고 했다. 그런 다음 아버지는 고집을 부리며 발버둥치는 아샤를 안아서 아파트 현관 바닥에 내려놓았다. 아파트 현관 바닥에서 악을 쓰며 우는 아샤를 두고 아버지는 집 안으로 들어와서 문을 닫았다. 처음에는 아파트 현관에서 아주 심한 울음소리가 들렸지만 시간이 지날수록 점점 조용해졌다. 아무도 봐주는 사람이 없었기 때문이다. 아샤가 울음을 그치고 완전히 조용해졌을 때 아버지는 아파트 현관으로 나갔다. 그리고 아샤를 부축해서 조용히 집 안으로 데리고 들어왔다. 아버지는 아샤에게 단 한 마디도 하지 않았다. 아버지는 눈물로 얼룩진 아샤의 얼굴을 씻긴 후에 먹을 것을 주려고 기다리는 유모에게 보냈다.

그 후에도 산책을 나가면 아샤는 매번 떼를 썼다. 그럴 때마다 아빠는 계속 같은 행동을 반복했다두세 번 정도 이웃에 사는 아주머니가 울고 있는 아샤를 집에 데려다 준 것을 제외하면. 마침내 아버지는 성공했다. 아샤는 산책을 마치고 조용히 집으로 돌아오게 되었다.

그리고 이 일은 집 안에서도 마찬가지였다. 아샤가 바닥에 누워서 발로 바닥을 차고, 소리 지르는 등 성질을 부리면 아버지는 우리 모두를 방에서 나가게 했다. 아샤와 단 둘이 남은 아버지는 아샤에게 아무런 관심도 주지 않고 그냥 자신의 일에 몰두했다. 아샤가 울음을 그치면 아버지는 예전처럼 아무 말 없이 아샤를 바닥에서 일으켜 세수를 시켰다. 그럴 때마다 아버지는 아샤에게 단 한 번도 화를 내거나 호통을 치지 않았다. 지금 생각해 보면 아버지의 행동은 우리를 배려한 것이라는 생각이 든다. 흥분해 있는 상태에서 아이는 아무 말도 듣지 않고 본인의 잘못도 인정하지 않을 것이기 때문이었다.

아버지의 방법은 옳았다. 아샤의 변화를 우리 모두가 느꼈으니까.

기타 비고트스키의 회고록에는 이와 비슷한 이야기가 또 있다.

학교에 다니기 시작하면서 유모는 아침마다 나를 학교에까지 데려다 주었다. 학교에 가려면 차가 엄청난 속도로 달리는 대로변을 건너야했기 때문이다. 하지만 아샤는 유모를 언니에게 빼앗겼다는 생각에 기분이 상해서 심하게 투정을 부렸다. 하는 수 없이 유모는 아침마다 아샤가 모르게 집 밖으로 나와야 했다. 그래서 아파트 현관에다 미리 외투를 가져다 두었다. 편한 옷차림으로 아샤를 안심시킨 후에 아파트 현관에서 외투를 입는 방식으로 나를 학교까지 데려다주었다.

그런데 한번은 유모와 내가 나가는 것을 본 아샤가 울기 시작했다. 아샤는 울면서 손과 발로 나를 마구 때리기까지 했다. 그래도 분이 풀리지 않은 아샤가 침대 위에 있던 내 수건을 물에 적시더니 그것으로 바닥을 닦기 시작했다. 수건에 아주 지저분한 얼룩이 생겼다. 우리는 아무 말도 못하고 아샤의 '심술'을 쳐다보고만 있었다. 그 광경을 본 아버지가 아샤에게 다가가서 바닥에 있는 수건을 집으라고 했다. 그리고 손에 있던 수건을 가리키며 "오늘부터 이 수건은 네가 써야 한다."고 차분하게 말했다. 아샤는 정말로 수건을 빨아서 정리할 때마다 지저분한 얼룩이 있는 수건을 사용했다. 그것은 아버지가 돌아가신 후에도 바뀌지 않았다. 우리 가족에게 아버지의 지시는 절대적인 것이었으므로.

기타 비고트스키의 기록을 통해 우리는 중요한 것들을 배우게 된다.

첫째, 우리는 아샤가 무엇 때문에 변덕스럽게 되었는지 알 수 있다. 바로 착한 유모 때문이다. 유모가 아이를 무조건 사랑해주면서 아이의 응석을 받아주었다. 그래서 아이는 떼를 쓰면 자기가 원하는 모든 것을 다 얻을 수 있었다. 해도 되는 것과 하면 안 되는 것을 몰랐던 것이다.

둘째, 우리는 아버지의 지혜로운 행동을 볼 수 있다. 어떤 행동이었을까? 아버지는 아이의 행동을 그냥 아무 말 없이 봐주었다. 그리고 조용하고 평온하게 행동했다. 게다가 아이가 울음을 그치면 친절하게 바닥에서 일어나는 것을 도와주기도 하고 세수도 시켜 주었다. 그리고 아이가 자기 행동에 대해 스스로 생각해 보게 했다.

그리고 마지막으로, 아주 인상적으로 표현한 '그것은 아버지가 돌아가신 후에도 바뀌지 않았다. 우리 가족에게 아버지의 지시는 절대적인 것이었으므로.'란 말을 통해 기타 비고트스키는 아버지에 대한 존경과 사랑, 그리고 아버지로서 비고트스키가 가진 확실한 권위를 보여주고 있다.

우리는 이런 '비고트스키식 교육'의 결과를 그의 딸 기타 비고트스키의 기록을 통해 알 수 있다. 그녀는 이미 반세기가 지난 후 다음과 같이 쓰고 있다.

내 사랑하는 여동생 아샤에 대해 몇 마디 쓰고 싶다. 슬프게도 아샤는 이미 1985년에 세상을 떠났다. 아샤는 어렸을 때 변덕과 응석을 부리며 심하게 울었다. 아버지는 무관심한 척 행동했지만 아샤의 물론 나도 포함된다 교육에 누구보다 적극적으로 관여했다. 아버지의 관심과 애정 때문인지 아샤의 성격은 조금씩 바뀌어갔다.

초등학교에 들어가기 전에 아샤는 아주 사교성이 뛰어난 아이가 되어 있었다. 어른들에게는 싹싹하고 상냥하게 대했으며, 또래의 친구들과도 잘 지냈는데 그들 중 꽤 여러 명이 평생 동안 가까이 지냈던 친구들이었다. 나는 아샤가 사람들과 친하게 잘 지내는 소중한 재능이 있다고 생각했다. 아샤는 친구들에게 항상 착하고 주의 깊게 행동했고, 친구들도 아샤를 똑같이 대해주었다. 아샤는 아름답고 훌륭하게 성장했으며 어떤 상황에서도 항상 침착하고 지혜롭게 행동했다. 자기 이름과 아버지의 이름을 부끄럽게 만든 적이 한 번도 없었다.

우리는 엄청난 변화, 즉 변덕스럽고 짜증을 많이 내며 자기밖에 모르던 응석받이가 침착하고 착하며 주위의 친구들을 소중하게 여기는 사람으로 변하는 기적을 목격할 수 있었다.

이제 우리는 이런 질문을 떠올릴 때가 되었다. '아이는 변할 수 있다. 그렇다면 부모도 변할 수 있을까?' 이 질문은 이미 오래 전에 나왔어야만 했다. 모든 대화 이론의 출발은 바로 자기 자신에게서부터 시작하기 때문이다.

부모도 변화 할 수 있다

아이를 교육시킬 때, 부모님들이 범하는 가장 흔한 잘못은 무조건 엄격하고 강해야 한다는 생각이다. 이렇게 생각하는 부모님들은 아이가 원하는 것을 하는 것이 중요하고 아이에게 자유가 필요하다는 것을 알지만 허락하지 않으려고 한다. 그래서 아이에게 이런저런 것을 해서는 안 된다고 '금지' 시키거나 해야 한다고 '명령' 을 하면서 교육을 시킨다. 하지만 정작 아이들이 하고 싶은 것을 못하게 한다.

그런 부모가 자기 잘못을 깨닫고, 실수를 인정하면서 변할 수 있을까? 물론 그렇다. 자기의 실수를 깨닫고 자신의 성격을 변화시키는 부모들이 있다. 하지만 이것은 쉬운 일이 아니다. 왜냐하면 극복하기 어려운 감정인 불안, 공포, 근심, 그리고 편견아이는 나 없이 아무것도 할 수 없어!을 이겨내고 참아야 하기 때문이다. 한 엄마의 이야기를 통해 자신을 변화시킨 부모의 경우를 살펴보자.

다음은 엄마와 딸 마샤의 대화이다. 마샤는 열한 살이고 6학년에서 공부하고 있다진하게 쓴 부분은 엄마가 가진 걱정 혹은 자신을 변화시키려는 노력이 드러난 곳이다.

2월 6일

결국 나는 공부, 방 청소 등을 강제로 시키지 않겠다고 결심했다. 그리고 '자율 교육'을 시켜보기로 했다. 양보하자, 그리고 지켜보기만 하자. 걱정이 많이 된다.

2월 8일

구호는 필요 없다. 삶의 진실은 영어 2점, 러시아어 3점_{5점이 만점이며, 2점은 낙제점이다-옮긴이}이었다. 도저히 **참을 수 없어서** 저녁에는 물어 보았다.

"마샤, 숙제가 많냐?"

"아니요, 없어요."

"정말! 하나도 없어?"

2월 10일

금요일 저녁이다. 이번에도 나는 또 **물어보았다.**

"마샤, 숙제가 많냐?"

"오늘은 정말 아무것도 하고 싶지 않아요. 너무 피곤하거든요."

그리고 마샤는 텔레비전을 켰다. 마샤의 행동을 보고 있자니 너무 화가 났다. 내가 아무 말도 하지 않고 있으면 마샤는 지난번처럼 일요일 저녁이 되어 허겁지겁 숙제를 해치우리라는 것을 알기 때문이다.

2월 11일

토요일 아침. 마샤는 아무것도 기억하고 있지 않았다. 마샤가 했던 어제의

약속이 나에게 야단을 맞는 순간을 모면하기 위한 것이라고 생각하니 **기분이 나빴다.** 마샤는 너무 쉽게 약속하고 또 너무 쉽게 잊어버린다. 아무 말도 하지 않았다.

2월 14일

마샤에게 별다른 말을 하지는 않았다. 그래도 나의 이러저러한 행동이 아이에게 숙제를 하도록 **강요하고 있음을** 인정할 수밖에 없었다. 화가 났다.

2월 19일

결심을 한 지 일주일이 지났다. 나는 마샤의 숙제나 공부에 대해서는 **별로 생각하지 않게 되었다.** 그 동안 마샤는 모든 일들을 스스로 알아서 했다. 마샤가 성적표를 보여주었는데 나쁘지 않았다. 아니 평상시보다 더 좋았다.

2월 25일

오늘은 마샤가 숙제의 반은 집에서, 나머지 반
은 학교에서 했다고 내게 말해주었다. 수학
선생님께 칭찬을 받았다는 말도 했다.
내가 묻지 않았는데 이렇게 말해서
좀 이상한 기분이 들었지만 나쁘지
는 않았다. 말을 듣고 보니 마샤가
수학은 곧잘 하지만 러시아어 공부
는 좀 뒤처지는 것 같아서 걱정이
되었다. 마샤가 러시아어 받아쓰기
에서 낙제 점수를 받았다.

뭔가를 하는 것 같아서 힐끗 봤더니 마샤가 받아쓰기 규칙을 외우고 있었
다. 그리고 오늘 아파서 학교에 오지 못한 친구에게 전화를 했다. 마샤가 친구
에게 새로운 단원에 대해서 설명해주는 것을 들었다. 마샤는 요즘 혼자 알아
서 공부도 하고 시험점수를 잘 받아도 특별히 자랑하거나 뭘 요구하지도 않
았다. 하지만 4점이나 5점을 받아오면 기특한 생각이 들었다. 그래서 나는 마
샤에게 내가 **지금 얼마나 기쁜지,** 그리고 마샤를 얼마나 **자랑스러워하는지**
에 대해 말해 주었다. 하지만 나의 칭찬 때문에 마샤가 교만해하지 않도록 최
대한 노력했다.

일기를 쓰기 시작한 지 채 20일이 되지 않았다. 그동안 아이의 성적은
좋아졌고 어머니와 아이의 관계도 많이 개선되었다는 것을 느낄 수 있

다. 물론 이것이 어머니에게 쉬운 일은 아니었다. 어머니는 자기 자신과 싸워야했기 때문이다. 어머니가 인내심을 가지고 노력을 기울인 결과 마침내 성공할 수 있었다.

이 이야기와 비슷한 다른 어머니의 이야기를 한번 보자. 딸인 갈랴는 열 살이었다. 갈랴의 어머니는 처음에 아주 엄격하게 아이를 교육시켰다. 하지만 자신의 잘못을 깨닫고 실수를 인정하며 아이에게 '자유로운 의사 결정권'을 주기로 했다. 이해를 돕기 위해 심리적 변화를 읽을 수 있는 간단한 설명을 덧붙였다.

성적이 나빠졌다. 갈랴의 성적표에는 3점이 드물지 않게 나타났으며 노트에는 글자들이 삐뚤빼뚤하게 쓰여 있었다. 특히 시를 외울 때는 건성으로 하는 것이 눈에 띄었다.

"갈랴, 자신 있게 발표할 수 있게 시 잘 외웠어?"

"엄마, 내가 하루 종일 시만 외우면 영어 숙제는 언제 해. 시간이 없어. 그리고 난 별로 놀지도 못해. 왜 항상 공부만 해야 돼?"

"너 아직 음악 공부도 안 했지? 엄마가 말하지 않으면 넌 악기를 쳐다보지도 않잖아. 내가 몇 번이나 말해야 되니?"

끝도 없고 소용도 없는 대화. 결국 우리는 기분이 나빠져서 서로에게 화를 냈다. 이게 갈랴와 나의 모습이다.

5점이 줄어들고 3점이 더 많아졌다. 이제부터 갈랴에게 좀 엄한 방법으로 교육을 시켜야겠다. 나는 갈랴에게 책상을 항상 정리하라고 시켰다. 그리고 항상 숙제를 점검하고 잘못된 점을 지적해서 고치도록 했다. 하지만 명령하고 점검하는 일은 좋은 결과로 나타나지 않았고 나는 원하는 성과를 거둘 수 없었다.

다른 방식으로 대화를 시도했다. 하지만 다시 예전으로 되돌아 가 버렸다. 나는 진실하게 이야기하고 싶어서 대화를 시작했지만 이상하게도 항상 훈계로 끝나버린다. 나도 갈랴도 화가 났다. 우리는 서로를 이해하지 못하고 점점 멀어졌다. 갈랴가 나와 대화하는 것을 싫어할까봐 걱정이 되었다. 하지만 눈 앞에서 펼쳐진 잘못된 상황은 훈계를 멈출 수가 없게 만든다.

첫 번째의 빛. 스뱌토슬라브 리흐테르가 구세주였다!

리흐테르는 학교에서 아주 게으른 사람으로 알려져 있었다. 하지만 이 유명한 피아니스트는 나중에 일에 대한 사랑과 자신의 타고난 재능을 꽃피우기 위한 엄청난 노력을 보여줌으로써 사람들을 놀라게 했다. 너무 마음에 들었다.

"엄마, 오늘 수학 시험 봤는데 3점 받았어. 야단치지 마."

"이 성적이 마음에 들지 않아? 더 좋은 점수 받고 싶어?" 난 '이야기 적극 들어주기'를 했다.

"응, 난 오늘 수학 공부를 할 거야." 난 속으로 '만세'를 외쳤다.

나는 샴페인을 너무 일찍 터뜨렸다. 갈랴의 계획은 오늘도 이루어지지 않았고 그 다음날도 이루어지지 않았다. 도저히 참을 수가 없었다. 나는 다시 예전처럼 말을 하고 말았다.

"갈랴, 음악 숙제는 했어? 곧 시험이잖아!"

"그러니까, 그냥……."

갈랴는 아주 길게 '훌륭한 이유'를 늘어놓았다.

"너의 '그러니까, 그냥'은 이번 주만 해도 100번은 더 들었다."

"난 엄마가 나에게 이런 식으로 말하는 게 세상에서 제일 싫어!"

갈랴는 자기방으로 들어가 문을 쾅 닫아버렸다. 나는 혼자 남아서 오랫동안 눈물을 흘렸다.

최선을 다하면 반드시 성공한다고 했던가? 상황이 조금씩 바뀌어갔다. 갈랴는 숙제를 아주 빨리 그리고 정확하게 하게 되었다. 뿐만 아니라 스스로 계획을 세우고 잘 지켜 나갔다. 나를 대하는 모습도 많이 달라졌다. 갈랴의 얼굴은 부드러워졌고 그런 갈랴의 얼굴을 바라보는 것이 나를 행복하게 한다.

이상에서 살펴본 두 개의 예에는 공통점이 있다. 두 경우 모두에서 우리는 어머니들이 자기를 변화시켜야 한다는 마음으로 자기의 편견이나 선입견, 그리고 습관을 이겨내는 것을 볼 수 있었다. 어머니들에게 가장 힘든 순간은 아이들의 성적이 나빠졌을 때와 아이들이 스스로를 관리하지 않고 잘못된 행동을 보일 때였다. 한 가지만 기억하자. 아이들에게 일시적으로 이런 모습이 나타나는 것은 지극히 당연한 일이다.

왜 그런지를 살펴보자. 첫째, 아이에게 자유를 주면 아이는 자기에게 주어진 모든 것을 다 하고 싶어 한다. 너무 많은 것을 해 보고 싶어 하기 때문에 공부에 집중할 수 없게 되는 것이다. 둘째, 아이들은 그동안 부모의 지나친 간섭으로 인해서 한 가지 성숙시키지 못한 것이 있는데 그것은 자기의 행동과 일에 대한 책임감이다. 당연히 구속과 명령에서 벗어나 자유를 얻은 아이들이 책임감이라는 것을 깨달을 때까지는 시간이 필요하다. 그리고 그 과정에서 빚어지는 많은 실수 역시 불가피하다. 사실 부모들이 이런 아이들의 실수와 잘못을 참고 견디는 것은 의무라고 할 수 있으며 이는 아이들 성장의 밑거름이 된다. 왜냐하면 자신의 잘못을 통해 배운 것은 무엇과도 바꿀 수 없는 소중한 것이기 때문이다.

마샤와 갈랴의 예에서 보듯이 부모의 인내로 인해 아이들이 느끼는 행복감은 더욱 커졌다. 그리고 성장한 후에는 그때 보여준 부모님들의 지혜로운 행동에 아이들이 감사하게 될 것이다.

아이에게서 배운다

아이와 마찬가지로 부모가 완전히 변하고 싶을 때에도 도울 수 있는 사람이 있다는 것을 잊지 말아야 한다. 우리가 도와준 우리의 아이들이 바로 그들이다.

사실 우리는 아이들을 보면서 많은 것들을 배운다. 아이들은 섬세하면서도 엄격하고 공정한 심판관이기 때문이다. 아이들은 어른들의 불공평하고 정직하지 못한 언사나 불성실하고 어리석은 행동을 참지 않는다. 그래서 자기와 가까운 사람이 이런 행동을 보이면 서글픔을 느끼는 것이다. 하지만 아직 성숙하지 못한 대부분의 아이들은 완벽한 부모를 꿈꾼다. 어린 아이들의 눈에 비친 부모의 모습은 완벽함 그 자체이기 때문이다. 그런 부모의 모습을 보고 자라는 아이들이 완벽한 부모를 꿈꾸는 것은 자연스러운 일이다. 하지만 성장해 가는 동안 아이들은 부모들이 그렇게 완벽하지 못하다는 것을 알게 된다. 그래서 웬만큼 성장한 아이들은 부모를 평가하고 비교하기 시작한다. 열다섯 살 여학생의 이야기를 들어보자.

엄마는 제가 무엇을 하는지 항상 지켜보고 있어요. 한 마디로 말해서 제 행동 하나하나를 관찰하는 거죠. 그것 때문에 저는 엄마와의 사이에 커다란 문제가 생겼어요.

저는 일기를 쓰고 있어요. 일기라는 게 아주 사적인 것이잖아요. 그런데 엄마가 숨겨둔 제 일기장을 찾아서 읽는 거예요. 그 일이 있고난 후로 저는 일기를 아주 깊숙한 곳에 숨겼어요. 그래도 마음이 놓이지 않아 요즘은 아예 일기를

쓰고 싶은 마음도 없어졌어요. 제게는 누군가를, 아니 무엇인가를 믿을 수 있다는 것이 중요하거든요. 그래서 일기장만큼은 믿고 싶었어요. 그런데…….

문제는 그게 전부가 아니라는 거예요. 엄마는 제가 누군가와 통화를 하면 몰래 엿듣고, 창문을 통해서 제가 어디로 가는지 아니면 어디에서 오는지 늘 지켜보고 있어요. 어떻게 이런 식으로 사람을 대할 수 있는지 모르겠어요. 아마 저를 믿지 않기 때문에 엄마가 이런 행동을 하는 거겠죠. 저는 엄마의 이런 행동이 너무 싫은데 어떻게 해야 할지 모르겠어요. 물론 엄마에게 말을 한 적도 있었죠. 하지만 아무런 소용이 없었어요.

어머니가 자신의 잘못된 행동에 대한 아이의 걱정과 지적에 귀를 기울이지 않았다는 것은 대단히 슬픈 일이다. 아이의 이런 걱정과 지적은 어머니의 주관적인 행동이 과연 도덕적으로 옳은 것인지에 대해서 생각할 기회를 줄 수 있었다. 이것은 비단 청소년들만의 문제가 아니다. 청소년은 물론이고 아직 어린 아이들도 부모가 자기들이 부탁한 대로 행동을 하는지 안 하는지를 주의 깊게 살피기 때문이다. 이것에 대해서는 '부모에 대한 설교'라는 재미있는 이야기가 있다.

네 살 된 아들과 아버지가 지하철을 타고 가고 있었다. 아들은 창밖을 보기 위해 신발을 신은 채로 좌석에 올라갔다. 아들은 무릎을 꿇고 앉아 있었는데 신발이 서 있는 승객들을 향했기 때문에 사람들이 불편해했다. 아버지가 큰 소리로 아이를 야단쳤다.

"내가 더러운 신발을 신은 채 의자에 올라가지 말라고 몇 번이나 말했잖

아. 이렇게 하면 다른 사람들의 옷을 더럽히게 된다고 했지. 왜 이렇게 아빠 말을 안 듣는 거냐?"

그러자 아이가 아버지만큼 큰 소리로 대답했다

"엄마가 아빠에게 몇 번이나 목욕통에 쉬하지 말라고 했잖아. 그런데 아빠도 엄마 말 안 듣고 하고 싶은 대로 하잖아. 그래 놓고는 왜 나만 야단치는 거야."

그 순간에 아버지가 부끄러워서 다음 역에서 내렸다고 하면 사족이 될 것이다.

우리가 아이들을 교육시킬 때, 아이들은 우리가 어떤 편향에 빠지지 않도록 도와준다. 지금 예로 들려고 하는 것은 자주 듣는 질문들 중의 하나이다. 그것은 '올바르게 행동을 한 것에 대해서 추가적으로 아이에게 상을 줄 필요가 있느냐?' 하는 것이다. 여기서 말하는 상은 아이가 집안 일을 돕고 생활 규칙을 잘 지키거나 공부를 잘한 것에 대한 보답으로 용돈이나 그에 상응하는 물건을 주는 것을 의미한다. 이 문제는 많은 논란을 불러일으켰다.

성적이 좋아졌다고, 설거지를 했다고, 혼자서 일어났다고, 방 청소를 잘 했다고, 이를 잘 닦았다고, 도시락을 혼자서 쌌다고 해서^{이 목록은 아이들이 어떤 일을 한 정도에 따라서 가격을 매겨서 그것에 대해서 용돈을 주고 있는 한 가족의 '상품' 목록에서 가져온 것이다} 그 대가로 돈이나 물건을 주어서는 안 된다. 아이들이 자기 주변의 일상사에 관심을 갖고 자기가 해야 할 일을 하는 것은 당연한 것이다. 그런데 이러한 일들을 잘 처리했다고 아이에게 대가를 주는 것은 아이가 자신의 의무에 대한 생각을 왜곡되게 받아들일 수 있다. 뿐만 아니라 남을 돕는 것에 대한 아이의 순수한 의도, 그리고 아이와 가족 간의 관계를 왜곡하는 결과를 초래할 수도 있다.

이 문제에서 굉장히 재미있는 사실 중의 하나는 아이들 스스로 이렇게 대가를 받는 것에 대해 어느 정도 자연스럽지 못함을 느낀다는 것이다. 다음의 짧은 이야기는 한 아버지가 나에게 찾아와 이야기해준 것이다.

제가 회사를 마치고 일찍 집으로 돌아온 날이었어요. 현관문을 밀고 들어서자마자 아들이 제 품에 안기며 말하는 거예요. "아빠, 나 오늘 착한 일을 했어. 뭐냐면 오후에 할머니가 소파침대를 펴는 걸 도와드렸거든. 하지만 아빠가 나에게 상을 주면 절대로 안 돼. 상을 받으면 그게 무슨 착한 일이야. 안 그래?"

　아이의 아버지는 아이가 착한 행동을 하면 그 보답으로 '상'을 주었다. 그러던 어느 날 저녁에 그는 아들에게 '뜻밖의 선물'을 받았다. 그것은 그를 기쁘게 만들었지만 동시에 고민에 빠뜨렸다. 이 이야기를 듣는 순간 나는 한 러시아 정교 신부님의 말씀이 떠올랐다. 신부님은 선한 일이나 선한 생각을 할 때에는 현재 자기에게 돌아올 이익이나 나중에 죽은 후의 보상을 포함한 어떠한 대가도 생각하지 말고 오직 진실된 마음만으로 해야 한다고 말씀하셨다.

　그런데 이제 갓 여섯 살 된 아이는 이미 이 '순수한 진실'을 느끼고 있었던 것이다. 사람들의 의식을 바꾸기 위해서 평생을 노력한 이 신부님이 느끼는 진실을 어린 아이가 깨닫고 있는 것, 나는 이것이 진짜 기적이라고 생각한다. 그리고 아이들은 이 기적을 우리에게 선물하는 특별한 능력을 갖고 있다.

'아이들에게서 배운다' 는 테마의 또 다른 이야기는 다른 나라의 문화와 관련되어 있다. 이 이야기에 등장하는 아이는 생동감 있고 지혜로운 마음을 가지고 있다. 미국 심리학연합회 회장이었던 마틴 셀리그만의 이야기를 들어보도록 하자.

내가 다섯 살 된 딸 니키와 정원에서 잡초를 뽑고 있을 때였다. 이미 아이들의 심리나 행동에 대한 책을 여러 권 썼지만 솔직히 나는 아이와 어떻게 대화하는지를 정확히 알고 있지 않다. 일을 할 때의 나는 정확한 것을 좋아하는 완벽주의자에 가깝다. 그래서 무슨 일을 시작하면 끝까지 해야만 한다는 강박관념을 가지고 있었다. 잡초 뽑기 역시 이런 마음으로 시작했다.

그런데 어린 니키는 나의 이런 마음가짐에는 관심도 없고 신경도 쓰지 않았다. 니키는 잡초를 뽑다가 내 옆에 와서 노래를 부르고 춤을 추었다. 그러다가 다시 뽑은 잡초를 머리 위로 던지기도 하는 등 일을 하는 것이 아니라 마치 소풍을 나온 것처럼 행동했다. 나는 화가 나서 니키에게 좀 진지해질 수 없느냐고 큰소리로 야단을 쳤다. 니키는 어딘가로 갔다가 잠시 후에 돌아왔다.

"아빠, 나 아빠랑 얘기하고 싶어."

"무슨 일인데?"

"아빠 혹시 내 생일날 기억나? 다섯 살 때의 생일 말이야? 세 살부터 다섯 살까지 난 거의 매일 울었잖아. 그런데 다섯 살 생일날 나는 더 이상 울지 않겠다고 약속을 했지. 이것은 나한테는 아주 어려운 일이었지만 약속을 지켰어. 나는 울지 않겠다는 약속을 지켰는데 아빠는 왜 소리치지 않고 화 내지 않겠다고 한 약속을 안 지키는 거야?"

　니키의 말은 나에게 맑은 날씨에 갑작스럽게 내리친 벼락과도 같았다. 그 순간에 나는 니키를 비롯한 아이들, 나 자신, 그리고 내가 가진 직업에 대해 많은 것을 생각하게 되었다.

　딸이 내게 말해 준 것은 아주 정확했다. 나는 화를 자주 내는 사람이었다. 지난 50년 동안 나는 항상 불만에 가득했었다. 그리고 최근 10년 동안 나는 집 위에 떠있는 구름처럼 햇볕을 가리고 있었다. 내 주변에서 일어났던 좋은 일들은 내가 끊임없이 투덜거렸기 때문이 아니라 그럼에도 불구하고 생긴 일들일 뿐이었다. 나는 변하기로 다짐했다.

　나는 내 주변의 일들을 돌이켜보기로 했다. 내가 가장 먼저 깨달은 것은 내가 행한 교육방법이 옳았기 때문에 니키가 '울보'에서 탈출할 수 있었던 것이 아니라는 사실이었다. 니키의 울음을 멈추게 한 것은 내 교육방법이 아니라 바로 니키 자신이었다. 니키에게 있어서 가장 필요하고 중요한 교육은 니키 안에 존재하고 있는 놀라운 힘을 인정해주는 것이었다. 나는 그 힘을 '내적인 영혼의 힘'이라고 부르고 싶다.

　그리고 나는 아이를 가르친다는 것이 단순히 아이의 부족한 점을 고쳐주거나 모르는 것을 알려주는 것보다 더 큰 의미가 있다는 것도 깨닫게 되었다. 그래서 나는 이제 분명하게 말할 수 있다. 교육은 아이들의 장점을 발견하고 그것을 신뢰하도록 만드는 것이라는 사실을, 그리고 아이들의 인생에서 이런 장점들이 잘 발현될 수 있도록 도와주는 것이라는 사실을 말이다.

　우리는 아이들이 부모^{혹은 어른}에 대해서 어떻게 생각하고 있는지를 살펴보았다. 아이들은 부모들이 좋게 변하기를 원하고 있으며 또 그것을 돕기 위해 노력하고 있다. 하지만 우리는 때때로 아이들의 이러한 노력을 인정하지 않으려고 한다. 엄청난 실수를 하고 있는 것이다.

에필로그를 대신하여

현명한 조상들은 다음과 같이 말을 했다.

행동을 심으면 습관을 거두고,
습관을 심으면 성격을 거두며,
성격을 심으면 운명을 거둔다.

이것은 진실이며, 이 진실은 어른들의 인생과 아이들의 교육 모두에 깊이 관련되어 있다. 정말로 아이들의 운명이 어른들의 어떤 행동에 달려 있는 것일까? 내가 생각하기에는 그렇다. 그리고 여기에는 크고 작은 수많은 것들이 있다. 구체적인 단어일 수도 있으며, 어떤 요청이나 변덕에 대한 대답들일 수도 있다. 아이들의 일에 참견을 하거나 신경을 쓰지 않는 것일 수도 있고, 벌을 주거나 칭찬을 해주는 것일 수도 있다. 뿐만 아니라 감정을 억제하는 것, 대화하는 것, 갈등을 푸는 것 등 수많은 것들이 여기에 관련되어 있다.

하지만 부모들은 어떤 것이 올바른 행동인지 한 마디로 말할 수 있는 정답을 알고 있지 못하다. 한 가지의 경우를 놓고 이렇게 행동하기도 하고 어떤 때는 정반대로 행동을 하기도 한다. 아무도 완벽한 진실, 또는 완벽한 해답과 같은 만병통치약을 가지고 있지 않다. 그러나 우리에게는 많은 노력과 성공에 대한 교육자들의 경험이 있다.

우리는 각 장에서 어른들과 아이들의 대화의 긍정적인 예들을 살펴보았다. 단어 하나, 억양, 주어 나 혹은 너 등 때로는 너무 사소한 것이라는 생각이 들기도 했을 것이다. 하지만 분명한 것은 아이들과의 대화에서 사소한 것은 없다는 것이다. 부모의 잘못된 한 마디, 단어와 억양이 아이의 영혼에 깊은 상처를 입힐 수도 있다. 이러한 상처가 쌓이게 되면 아이는 자신에 대한 신뢰를 잃게 되고 소외감을 느끼게 된다. 그리고 더 나아가 더 이상 부모와 함께 아무것도 하지 않으려고 한다.

부모의 개성은 아이들의 '인생철학' 이 되고, 부모들이 생각하는 가치는 아이들이 살고 있는 환경을 만든다. 부모들의 성격과 인품, 그리고 생활과 사고방식에 따라서 아이가 숨을 쉬는 '깨끗한 공기' 가 만들어지는 것이다. 유명한 우화 하나를 보자.

나그네가 길을 가다가 무언가 열심히 만들고 있는 사람들을 보았다.

"당신은 무얼 하고 있나요?" 나그네가 첫 번째 석공에게 물었다.

"벽돌로 쓸 돌을 다듬고 있지요."

"그럼 당신은 무얼 하고 있나요?" 나그네가 두 번째 석공에게 물었다.

"저는 벽을 세우려고 하고 있지요."

"앞에서 본 한 사람은 벽돌을 만들고, 또 한 사람은 벽을 세운다고 하더군요. 당신은 무얼 하고 있나요?" 나그네가 세 번째 석공에게 물었다.

"저는 사원을 짓고 있습니다."

우리 아이들이 살게 될 '집'을 지을 때, '벽돌'이 좋은 품질의 것인지 그리고 그 벽돌을 쌓아 벽이 제대로 올라가고 있는지를 주의 깊게 살펴보는 것은 대단히 중요한 일이다. 하지만 동시에 우리가 절대로 잊지 않아야 하는 것이 있다. 바로 우리가 지으려고 하는 것이 우리의 삶과 운명이 자라게 되는 '사원'이라는 것이다. 이 '사원'이 기쁨과 인간미로 충만할 것인지는 바로 우리들 자신에게 달려있다.

역자후기

"난 우리 둘을 다 만족시키는 방법을 찾을 수가 없어. 당신이 담배를 방에서 피우지 않도록 여러 방법을 사용하면서도 난 당신이 '내 집에서 원하는 걸할 수 없구나…….' 라는 생각이 들지 않도록 배려를 했어. 나도 당신이 하고싶은 것은 다하게 해주고 싶어. 하지만 난 집안에서는 맑은 공기로 숨 쉬며 살고 싶단 말이야."

본문에 나오는 아내의 이 하소연은 곧바로 남편의 긍정적 반응을 이끌어낸다. 그 이유는 아주 간단하다. 우리가 일반적으로 사용하는 '당신은~' 으로 시작하는 나무람 너-메시지이 아니라, '나는~' 으로 시작하는 '나-메시지' 로 표현했기 때문이다. 대부분 이런 상황에서 위와 같은 '나-메시지' 를 사용하기 보다는 상대방의 잘못을 지적하는 '너-메세지' 를 사용하기 쉽기 때문에 원활한 대화가 되지 못하고 감정의 충돌로 이어지는경우가 많다. 이 책은 바로 그것을 명확하게 지적하고 있다.

『내 아이와 어떻게 대화할 것인가』는 주요하게 자신의 아이와 어떻게대화할 것인가를 나타내고 있지만 사실 대인관계에 있어서 상대방과 어뎧게 대화할 것인가에 대한 문제의 연장선상에서 보아도 큰 무리가 없다. 저자의 새 책 『내 아이는 도대체 무슨 생각을 하는 걸까?』는 그러한 연장 선상에서 가족과의 대화 특히 부부간의 대화의 문제점을 어떻게 풀 것인 지에 대해서도 잘 알려주고 있다. 그 핵심은 바로 '나-메세지로 말하라' 이다.

상대방, 특히 이 상대방이 항상 얼굴을 마주치며 함께 살고 있는 가족 이라면, 그들과의 대화에는 평소의 느낌이나 감정, 참거나 혹은 무심코 지나쳤던 기억들이 불쑥 대화내용에 끼어들게 되는 경우가 종종 있다. 좋은 느낌, 즐거웠던 기억들이라면 다행이겠으나 불행하게도 그보다는 상대방이 가지고 있는 단점에 대한 지적인 경우가 더 많다. 늘 살을 부비 며 같이 살고 있는 가족들 간에는 이미 각자 서로의 단점에 대한 내재된 선입관이 있기 때문이다. 부모가 아이의 단점에 대해 가지고 있는 선입 관은 물론이고, 아이들 역시 의식적이든 무의식적이든 분명하게 부모의 단점을 인지하고 있다는 사실이다.

문제는 이러한 대화가 '너-메세지'에 의해 진행될 경우 사소한 의견 대립을 감정의 충돌로 발전시킬 수 있다는 것이다. 이것은 서로를 사랑 하는 것과는 별개의 문제이다. 그렇기 때문에 '나-메세지'로 말하는 습 관을 기르는 것은 중요한 일이다.

'나-메세지'로 말하는 습관을 기르는데 있어 기본이 되는 것은 상대 방의 단점을 대하는 나의 태도라 할 수 있다. 그것은 곧, 내가 힘들어 하 는 만큼과 아주 똑같은 분량으로 상대방도 역시 나의 단점 때문에 힘들어 하고 있다는 분명한 인식을 갖는 일이다. 좋은 엄마, 좋은 아내의 역할로써 내가 아이와 남편의 단점들을 다 받아주고 이해해줘야 한다는 강박관념은 언젠가 폭발할 시한폭탄에 지나지 않는다. 아이의 잘못을 지적해야할 때마다, 남편의 지긋지긋한 그 단점이 또 보일 때마다, 아이도 남편도 역시 마찬가지로 똑같이 나의 단점을 보고 느끼고 있다는 생각을 떠올린다면, 아마도 조금은 쉽게 '나-메세지'로 말하는 습관을 기를 수 있지 않을까?

『내 아이와 어떻게 대화할 것인가』가 발간되고 바로 한국을 떠나 이곳 알마티로 파견근무를 나온 지 벌써 3년이 지나갔다. 그동안 바쁘다는 핑계로 차일피일 미루고 있던 논문 때문에 지난 여름 모스크바를 잠깐 들렀을 때, 서로 일정이 맞지 않아 기펜레이테르 교수님을 직접 뵐 수 없었던 것이 아쉬웠었는데, 이렇게 『내 아이는 도대체 무슨 생각을 하는 걸까?』를 발간할 수 있게 되어 너무나 기쁜 마음이다. 첫 책에 이어 두 번째 책을 낼 수 있도록 도와주신 도서출판 써네스트 강완구 사장님과, 같이 번역을 하는데 마다하지 않은 임 나탈리아님에게 진심으로 감사를 드리고 싶다.

부디 이 책이 서로 사랑하는 이땅의 모든 아빠와 엄마 그리고 아이들 사이의 부족한 2%를 채워주는 청량제 역할을 할 수 있기를 바란다.

2009. 6월
카자흐스탄 알마티에서
지인혜

초판 1쇄 | 2009년 7월 20일

지은이 | 율리야 기펜레이테르
그린이 | 엘레나 벨로우소바·마리나 표도르스카야
옮긴이 | 지인혜·임 나탈리아
디자인 | 김진경
펴낸곳 | 도서출판 써네스트　　　　펴낸이 | 강완구
출판등록 | 2005년 7월 13일 제313-2005-000149호
주　소 | 서울시 마포구 동교동 165-8 엘지팰리스 빌딩 925호
전　화 | 02-332-9384　팩스 | 02-332-9383
이메일 | sunestbooks@yahoo.co.kr
ISBN 978-89-91958-33-3　23590　값 13,000원

국립중앙도서관 출판시도서목록(CIP)

내 아이는 도대체 무슨 생각을 하는 걸까? / 율리야 기펜레이테르 저 —서울:써네스트, 2009
p.; cm

원표제 : Продолжаем общаться с ребенком. так?
ISBN 978-89-91958-33-3　23590　₩ 13,000

자녀교육(子女敎育)
육아법(育兒法)

598. 1-KDC4
649. 1-DDC21　　　　　　　　　　　　　　　　　CIP2009001974